土木建筑大类专业系列新形态教材

景观设计

邓　磊◉主　编

清华大学出版社
北　京

内 容 简 介

本书包括景观设计基础知识与景观设计项目实训两个模块。模块一为景观设计基础知识,主要介绍景观设计概论,景观设计基本原理,景观构成要素及设计,景观设计的原则、方法与程序;模块二为景观设计项目实训,主要从小游园景观设计、校园景观设计、城市广场景观设计三个方向进行介绍,结合分析各种项目的优秀规划设计案例,阐述了各种项目的景观设计相关知识和规划设计方法。

本书既可作为高等职业院校园林设计、景观设计、环境艺术和建筑设计及相关专业的教材,也可作为相关行业人员的学习、研究、参考及培训用书。

图书在版编目(CIP)数据

景观设计/邓磊主编. —北京:清华大学出版社,2022.7(2024.4 重印)
土木建筑大类专业系列新形态教材
ISBN 978-7-302-61051-9

Ⅰ. ①景… Ⅱ. ①邓… Ⅲ. ①景观设计-高等学校-教材 Ⅳ. ①TU983

中国版本图书馆 CIP 数据核字(2022)第 096445 号

责任编辑:杜 晓
封面设计:曹 来
责任校对:袁 芳
责任印制:丛怀宇

出版发行:清华大学出版社
   网   址:https://www.tup.com.cn,https://www.wqxuetang.com
   地   址:北京清华大学学研大厦 A 座   邮 编:100084
   社 总 机:010-83470000   邮 购:010-62786544
   投稿与读者服务:010-62776969,c-service@tup.tsinghua.edu.cn
   质量反馈:010-62772015,zhiliang@tup.tsinghua.edu.cn
   课件下载:https://www.tup.com.cn,010-83470410
印 装 者:三河市龙大印装有限公司
经 销:全国新华书店
开 本:185mm×260mm 印 张:8.75 字 数:198 千字
版 次:2022 年 8 月第 1 版 印 次:2024 年 4 月第 3 次印刷
定 价:46.00 元

产品编号:098159-01

前　言

　　长期以来,高校风景园林专业相关教育实施各有侧重。传统建筑学院开设的景观设计课程有较强的建筑学色彩,重视平面空间形态而弱化种植设计等农林相关知识。而农林学科强势院校开设的景观设计课程则在植物认知、种植设计等方面更为重视。因此,服务于建筑设计专业学生的景观设计类教材亟待升级。本书关注建筑学背景下的景观设计特点与方法,知识体系完善,重难点清晰,有较好的针对性。实际上,景观设计的本质在于探索人与环境的关系。随着人类社会的不断发展与演进,现代景观的塑造和设计与人类活动所需功能更加密切相关,同时融入了更多的科学原理,愈发多元化、多样化。

　　笔者在编写教材之前就一直在思考高等职业院校景观设计课程(建筑设计专业、环境艺术设计专业)的定位,教材形式及内容,百思不解。幸得在入职之初拜读了徐国庆教授的《职业教育项目课程:原理与开发》一书,对能力本位课程开发原理深以为然,笔者认为作为课程配套使用的教材编写也应遵循此原理。因此,基于前期对工作任务的详细分析得出实际岗位所需能力,本书分为景观设计基础知识、景观设计项目实训两大模块,有针对性地培养岗位所需能力,尽可能地通过设计实训还原真实的景观设计工作过程。

　　笔者对于景观设计的学习与研究始于本科就读于东南大学建筑学院期间。彼时,景观设计训练任务的功能由简到繁,规模由小到大,期间完成五个课程设计项目,历时两年半。笔者硕士期间曾就读于日本九州大学,在日本城市设计、景观设计方面有一些研究与实践。这几段经历帮助笔者建立了完整系统的学科知识体系,也令笔者深知这些过多的课程内容对于高等职业院校学生在仅有的两学期内是难以掌握的。因此,教材章节内容设置尤为重要。借建筑类型学的观点,笔者相信景观设计的形式是可变的,景观空间使用者的需求也是可变的,但各类活动赖以发生的形式类型则自古不变。本书的第一个模块包括景观设计概论、景观设计基本原理、景观构成要素及设计和景观设计的原则、方法与程序;第二个模块以典型工作任务为目标展开景观设计实训,呈现景观设计的完整工作过程。值得一提的是,考虑到建筑设计与环境艺术设计专业学生的需求,模块二所选实训内容均为建成环境下的景观设计项目。实训任务很难涵盖所有类型的景观设计项目,难免存在知识点的漏项,但整体设计仍是在建筑学的大背景下展开的,且笔者希望读者通过对典型任务的实训能够形成一定的能力迁移,以应对多样的实际工作任务。

　　本书面向具体的职业岗位,以职业岗位活动为中心、以典型工作任务为载体组织教材内容,对景观设计的岗位活动及工作过程有完整的呈现,满足了学生在工作现场学习的需要。学生可以根据教材的引导动手完成每个工作任务的方案设计、操作实施、成果检验等环节,培养学生在不同工作情境下解决问题的能力。

本书为江苏城乡建设职业学院工程造价省级高水平专业群立项建设项目(项目编号:ZJQT21002324)。本书由江苏城乡建设职业学院邓磊担任主编,江苏筑森设计有限公司朱博扬、常州工程职业技术学院宋品洁担任副主编,江苏城乡建设职业学院袁乐、蒋吉凯参编。

在编写过程中,本书参考了国内外有关著作、论文、互联网资料,在此一并表示感谢。由于编者水平有限,书中难免有疏漏、不足之处,真诚欢迎广大读者批评、指正。

邓 磊

2022 年 3 月

目 录

模块一　景观设计基础知识

第 1 章　景观设计概论 ……………………………………………………………………… 3

　1.1　景观设计的概念 …………………………………………………………………… 3

　　1.1.1　园林 ………………………………………………………………………… 3

　　1.1.2　景观 ………………………………………………………………………… 3

　　1.1.3　景观设计 …………………………………………………………………… 3

　　1.1.4　景观规划设计 ……………………………………………………………… 4

　1.2　景观设计与相关学科的关系 ……………………………………………………… 4

　　1.2.1　建筑学 ……………………………………………………………………… 4

　　1.2.2　城市规划 …………………………………………………………………… 5

　　1.2.3　风景园林学 ………………………………………………………………… 5

　1.3　现代景观设计的产生和活动领域 ………………………………………………… 5

　　1.3.1　现代景观设计的产生与发展 ……………………………………………… 5

　　1.3.2　景观设计的活动领域 ……………………………………………………… 6

　1.4　景观设计的发展趋势 ……………………………………………………………… 6

　　1.4.1　分解与重构及其多维度演绎 ……………………………………………… 7

　　1.4.2　从景观规划到城市设计 …………………………………………………… 8

　　1.4.3　行为科学与人性化景观环境 ……………………………………………… 9

　　1.4.4　生态学观念与方法的应用 ……………………………………………… 10

　　1.4.5　地域特征与文化表达 …………………………………………………… 11

　　1.4.6　个性化与独创性的追求 ………………………………………………… 13

　　1.4.7　场地再生与废弃地景观化改造 ………………………………………… 14

　　1.4.8　节约型景观与可持续发展观 …………………………………………… 15

第 2 章　景观设计基本原理 …………………………………………………………… 18

　2.1　景观造景手法 …………………………………………………………………… 18

　　2.1.1　景观赏景 ………………………………………………………………… 18

　　2.1.2　景观造景手法 …………………………………………………………… 19

　2.2　景观平面构图基本法则 ………………………………………………………… 24

2.2.1　形式美法则 ·· 24
2.2.2　景观意境创作 ·· 27
2.3　景观平面布局形式及特征 ·· 27
2.3.1　规则式 ·· 28
2.3.2　自然式 ·· 28
2.3.3　混合式 ·· 30
2.4　景观空间应用与处理 ·· 31
2.4.1　景观空间及分类 ·· 31
2.4.2　景观静态布局方法 ·· 31
2.4.3　景观动态布局方法 ·· 32
2.5　场所行为心理设计 ·· 34
2.5.1　环境心理学特征 ·· 35
2.5.2　使用者对环境的基本要求 ·· 35
2.5.3　场所空间应用设计 ·· 35
2.6　景观生态设计 ·· 37
2.6.1　生态学的主要内容 ·· 37
2.6.2　景观生态要素 ·· 38

第3章　景观构成要素及设计 ·· 40
3.1　景观地形及设计 ·· 40
3.1.1　景观地形的功能 ·· 40
3.1.2　设计原则 ·· 40
3.2　种植设计 ·· 41
3.2.1　种植原则 ·· 41
3.2.2　乔、灌木的种植设计 ·· 42
3.3　水体设计 ·· 45
3.3.1　水体水景的类型 ·· 45
3.3.2　常见的水体设计 ·· 46
3.4　地面铺装设计 ·· 48
3.4.1　铺装设计原则 ·· 48
3.4.2　铺装设计的作用 ·· 50
3.5　景观建筑与小品设计 ·· 50
3.5.1　景观建筑 ·· 50
3.5.2　景观小品 ·· 51
3.6　园路组织设计 ·· 52
3.6.1　园路的分类 ·· 52
3.6.2　园路的设计 ·· 53
3.6.3　园桥、台阶、汀步 ·· 53

第4章　景观设计的原则、方法与程序 ···················· 56
　4.1　景观设计基本原则 ···································· 56
　4.2　景观设计方法 ·· 60
　　4.2.1　主景与配景 ······································ 60
　　4.2.2　景的层次与景深 ·································· 61
　　4.2.3　借景 ·· 61
　　4.2.4　对景与分景 ······································ 62
　4.3　景观设计程序 ·· 63
　　4.3.1　项目策划 ·· 64
　　4.3.2　项目选址 ·· 64
　　4.3.3　场地分析 ·· 64
　　4.3.4　概念规划 ·· 64
　　4.3.5　影响评价 ·· 65
　　4.3.6　综合分析 ·· 65
　　4.3.7　施工和使用运行 ·································· 65
　4.4　景观设计实践过程 ···································· 65
　　4.4.1　任务书阶段 ······································ 66
　　4.4.2　基地调查与分析阶段 ······························ 66
　　4.4.3　概念设计阶段 ···································· 68
　　4.4.4　方案设计阶段 ···································· 69
　　4.4.5　施工图设计阶段 ·································· 70
　　4.4.6　设计实施及技术服务阶段 ·························· 71
　4.5　景观设计成果 ·· 71
　　4.5.1　文本及设计说明书 ································ 71
　　4.5.2　图纸 ·· 72

模块二　景观设计项目实训

第5章　小游园景观设计 ······································ 77
　5.1　学习目标 ·· 77
　5.2　学习内容 ·· 77
　　5.2.1　小游园景观规划设计基础知识 ······················ 77
　　5.2.2　小游园在城市中的作用 ···························· 80
　　5.2.3　小游园常见的布局形式及规划设计要点 ················ 81
　　5.2.4　小游园景观规划设计的步骤 ························ 82
　5.3　项目任务：某游园景观规划设计 ·························· 83
　5.4　案例学习：武汉良友红坊文化艺术社区景观改造设计 ·········· 85
第6章　校园景观设计 ·· 90
　6.1　学习目标 ·· 90

6.2　学习内容 ·· 90
　　6.2.1　校园景观设计基础知识 ························· 90
　　6.2.2　校园景观设计原则 ···························· 91
　　6.2.3　校园景观设计布局特征 ······················· 94
　　6.2.4　校园景观设计要点 ···························· 95

6.3　项目任务 ·· 102
　　6.3.1　任务一：校园景观实地调查 ···················· 102
　　6.3.2　任务二：某校园景观规划设计 ·················· 103

6.4　案例学习：悉尼科技大学校园绿地景观设计 ··········· 103

第 7 章　城市广场景观设计 ···································· 108
7.1　学习目标 ·· 108
7.2　学习内容 ·· 108
　　7.2.1　城市广场设计基础知识 ······················· 108
　　7.2.2　城市广场分类及特点 ·························· 109
　　7.2.3　城市广场景观规划设计的原则 ·················· 113
　　7.2.4　城市广场景观规划设计的要点 ·················· 117
　　7.2.5　城市广场景观规划设计的步骤 ·················· 122

7.3　项目任务 ·· 123
　　7.3.1　任务一：城市广场实地调查 ···················· 123
　　7.3.2　任务二：某城市商业广场景观设计 ·············· 125

7.4　案例学习：郑州万科城中央广场景观设计 ············· 126

参考文献 ·· 130

模块一

景观设计基础知识

第 1 章 景观设计概论

1.1 景观设计的概念

1.1.1 园林

园林是指在一定的地块范围内,依据自然地形地貌,利用植物、山石、水体、建筑等主要素材,根据功能要求,遵循科学原理和艺术规律,创造出的可供人们居住、游憩、观赏的境域。

中国的景观设计与中国的园林和山水画有密切的联系,古典园林艺术博大精深,美学思想上强调"法师自然",其组景、造景手法高超,讲究"虽有人作,宛自天开"。中国的景观设计在多年实践与探索的基础上,已走出传统造园的小圈子。与传统的造园相比,现代景观设计的主要创作对象是人类的家园,而不是长期以来所理解和乐道的"上层文化"中的造园艺术和山水雅景的欣赏了。设计范畴已拓展到公园、居住区、城市绿地、广场、城市道路及城市环境生态等方面,在不同尺度的大地上建立人与自然多样化的联系,它更强调人类的发展、资源与环境的可持续性。

1.1.2 景观

景观一般意义上,是指一定区域呈现的景象,即视觉效果。具体来说,景观是指土地及土地上的空间和物体所构成的综合体,它是复杂的自然过程和人类活动在大地上的烙印,是多种功能的载体。

1.1.3 景观设计

景观设计学是一门建立在自然科学和人文科学基础上的、集艺术与技术于一体的综合性的应用学科。它强调土地的基础设计与历史、人文、艺术的关怀,是关于景观的分析、规划、布局、改造、设计、管理、保护和恢复的科学和艺术。随着时代的发展,景观设计作为一门新兴的学科,越来越多地被人们所接受和认可。

景观设计是指在某一区域内创造一个具有形态、形式构成的具有一定文化内涵和审美价值的景物和空间。景观设计的目的是为人们创造优美、舒适、健康、安全的环境,解决人类一切户外空间活动的问题,并为人类提供舒适惬意的生活空间和活动场所。面向室外空间环境的建设,把可持续发展作为根本目标而进行的设计行为是景观设计的核心。

景观设计的范畴非常广泛,广义上讲,只要是以美化外部环境为目的的设计都属于景观设计,它是在风景园林、建筑设计、城市规划景观心理及民俗学等多个门类学科的基础上,协调人与自然、人与空间之间的关系。具体来说,就是为满足某些使用目的而安排最合适的地方,以及特定的地方安排最恰当的土地利用方式,因此,对某一特定地方的设计也属于景观设计的范围。

景观设计主要服务于城市景观设计(城市广场、商业街、办公环境等)、居住区景观设计、城市公园规划与设计、滨水绿地规划设计、旅游度假区与风景区规划设计等。

1.1.4 景观规划设计

"规"者,规则、规矩之意;"划"者,计划、策划之意;"设"者,陈设、设置之意;"计"者,计谋、策略之意。

设计:按照任务的目的和要求,预先制订工作方案和计划,绘出图样。

景观规划设计:就是指对某一个园林绿地(包括已建或拟建的园林绿地)所占用的土地进行安排,利用园林各物质要素(植物、建筑、山石、水体),以一定的科学、技术和艺术规律为指导,充分发挥园林绿地的综合功能,因地、因时地进行合理规划布局,形成有机的城市绿地系统,为人们创造出舒适优美的生产、生活环境。

景观规划设计是园林绿地建设之前的筹划谋略,是实现园林美好理想的创作过程,它受到经济条件的制约和艺术法则的指导。景观规划设计是关于景观的分析、规划、布局、改造、设计、管理、保护和恢复的科学与艺术,是基于科学和艺术的观点和方法,探究人与自然的关系。它的产生和发展都有其深刻的背景,所以,景观规划设计的概念和实践范畴是随着社会的发展不断演变和扩充的,在不同的国家和地区具体的实践领域也有所区别,这和学科本身的发展及当地的经济发展状况有密切的联系。

1.2 景观设计与相关学科的关系

景观设计学科的产生和发展有着相当深厚和宽广的知识底蕴,在艺术和技能方面的发展,一定程度上还得益于美术、建筑、城市规划、园艺以及近年来兴起的环境设计等相关专业。城市规划专业也是在不断的发展中才和建筑专业逐渐分开的。在这里,有必要厘清景观设计与其他专业所解决的问题之间的差异。

1.2.1 建筑学

建筑活动是人类最早的改善生存条件的尝试之一。人们经历了上百万年的尝试、摸索,积淀了丰富的经验,为建筑学的诞生和人类的进步做出了巨大的贡献。

建筑作品开始是由工匠或艺术家来负责设计建造的。随着城市的发展,这些工匠和艺术家完成了许多具有代表性的建筑和广场,形成了不同风格的建筑流派。那时,由于城市规模较小,城市建设在某种意义上就是完成一定数量的建筑。建筑与城市规划是融合在一起的。工业化以后,由于环境问题的凸现以及后来的第二次世界大战,人们开始对城市建设进行重新认识,出现了霍华德的"花园城市"和法国建筑大师勒·柯布西埃的"阳光城市"。直到建筑与城市规划逐渐相互分离,各自有所侧重,建筑师的主要职责就专注于设计居于特定功能的建筑物,如住宅、公共建筑、学校和工厂等。

1.2.2 城市规划

城市规划虽然早期是和建筑结合在一起的,但是,无论欧洲还是亚洲的国家,都有关于城市规划思想的发展。城市规划考虑的是为整个城市或区域的发展制订总体计划,它更偏向社会经济发展的层面。

1.2.3 风景园林学

最早的造园活动可以追溯到 2000 多年前祭祀神灵的场地、供帝王贵族狩猎游乐的园囿和居民为改善居住环境而进行的绿化栽植等。公元前 2600 年前埃及在高阜上神殿周围栽植的圣林,中国古代的"园囿",都是园林的雏形。

无论是为了追求美好的生活环境,还是为了王公贵族建筑玩赏场所,造园活动经历了长时间的积累,形成了比较成熟的学科和技术,活动领域和景观设计存在着一定程度和领域的交叉,以至于人们往往将景观设计等同于园林设计。

1.3 现代景观设计的产生和活动领域

1.3.1 现代景观设计的产生与发展

美国在现代景观设计学科的发展和其职业化进程中是走在世界前列的。哈佛大学首创了景观规划设计专业。1860—1900 年,奥姆斯特德等景观设计师在城市公园绿地、广场、校园、居住区及自然保护区等方面所做的规划设计奠定了景观设计学科的基础,之后其活动领域又扩展到了主题公园和高速路系统的景观设计。

英国的景观设计专业发展也较早。1932 年英国第一个景观设计课程出现在莱丁大学(Reading University),此后相当多的大学于 20 世纪 50—70 年代早期也分别设立了景观设计研究项目。景观设计教育体系相对而言业已成熟,其中,相当一部分学院在国际上享有盛誉。

当今的景观设计专业教育,非常重视多学科的结合,包括生态学、土壤学等自然科学,也包括人类文化学、行为心理学、艺术学等人文科学,除此之外还包括空间设计基本知识的学习。这种综合性进一步推进了学科发展的多元化。

因此,景观设计是大工业、城市化和社会化背景下产生的,是在现代科学与技术的基础上发展起来的。

1.3.2 景观设计的活动领域

景观规划设计包含景观分析、景观规划、景观设计和景观管理四个过程。它的产生和发展都有其深刻的背景,所以,景观规划设计的概念和实践范畴是随着社会的发展不断演变和扩充的,在不同的国家和地区具体的实践领域也有所区别,这和学科本身的发展及当地的经济发展状况有密切的联系。

目前,景观规划与设计不仅取得了很大的进步,在运用新技术方面也取得了一定的进展,包括场地设计、景观生态分析、风景区分析等方面都开始了对 RS(remote sensing,遥感技术)、GIS(geographic information system,地理信息系统)和 GPS(global positioning system,全球定位系统)的运用和研究。

景观规划设计的内容主要包括以下几方面。

(1)国土规划。自然保护区的区划,风景名胜区的保护开发。

(2)场地规划。新城建设,城市再开发,居住区开发,河岸、港口、水域的利用,开放空间与公共绿地规划,旅游游憩地规划设计。

(3)城市设计。城市空间的创造,校园设计,城市设计研究,城市街景广场设计。

(4)场地设计。科技工业园设计,居住区环境设计,校园设计。

(5)场地详细设计。建筑环境设计,园林建筑小品,店面,照明。

1.4 景观设计的发展趋势

当今社会出现的能源、生态、人口等问题,使人类不得不对环境加以关注。随着城市建设规模的不断扩大和乡村的急剧城市化,目前中国正经历着至今为止全世界规模最大的快速城市化过程,人类的生存环境面临着巨大的挑战,也引发了人与环境之间一系列的矛盾。城市的大量建设促使园林景观设计行业高速发展,但也面临着很多问题,如大量的环境景观与周围的土地和人的关系不和谐,在景观设计时忽视了人与自然环境的和谐等。

人类社会可持续发展研究的核心是将社会文化、生态资源、经济发展三大问题平衡考虑,以全球范围和几代人的兴衰为价值尺度,并以此作为人类发展的基本方针。

进入 21 世纪后,随着科学技术的迅猛发展,文化艺术的不断进步,国际交流及旅游的日益方便,人们的社会生活方式、文化理念、价值观发生着深刻的变化,审美的情趣、品位也越来越高。他们相互结合,共同构筑了现代景观设计发展的需求,纵观世界园林绿化的发展总趋势,大体有以下几个方面。

(1)可持续发展和生态原则将成为园林景观设计必须考虑的因素。

（2）园林景观设计逐渐走向社区并日趋复杂化。

（3）综合运用各种新技术、新材料、新工艺、新艺术、新手段，对园林进行科学规划、科学施工，创造出丰富多样的新型园林。

（4）园林绿化的生态效益与社会效益、经济效益的相互结合与相互作用将更加紧密，向更高程度发展，在经济发展、物质与精神文明建设中发挥更大、更广的作用。

（5）在园林绿化的科学研究与理论建设上，将园艺学与生态学、美学、建筑学、心理学、社会学、行为学、电子学等多种学科有机结合起来，并不断有新的突破与发展。

（6）园林界世界性的交流越来越多。各国纷纷举办各种性质的园林、园艺博览会、艺术节等活动，这极大地促进了园林绿化事业的发展。

（7）在园林规划设计和园容的养护管理上广泛采用先进的技术设备和科学的管理方法，植物的园艺养护、操作一般都实现了机械化，广泛运用计算机进行监控、统计和辅助设计。

（8）在规划布局上以植物造景为主，建筑的比重较小，以追求真实、朴素的自然美，最大限度地让人们在自然的气氛中自由自在地漫步以寻求诗意、重返大自然。

1.4.1　分解与重构及其多维度演绎

现代景观设计在于对空间而不是平面或图案的关注，设计应该具有"三维性"。艾克博在1937年的《城市花园设计程序》中指出"人是生活在空间中、体量中，而不是平面中"，他提出18种城市环境中小型园林的设计方法，这些设计放弃了严格的几何形式，而以应用曲线为主。强调景观应该是运动的而不是静止的，不应该是平面的"游戏"，而是为人们提供体验的场所。空间的概念可以说是现代景观设计的一个根本性变革，对19世纪的学院派体系产生了冲击。现代雕塑中的空间概念对景观的影响是比较直接的，但空间的革命最早起源于绘画，塞尚的绘画和立体主义的研究为空间的解放开辟了道路，多视点的动态空间和几何的动态构成以及抽象自由曲线的运用开辟了全新的空间组织方式，这些甚至直接地被反映在景观设计的手法中，如以托马斯·丘奇（图1-1）、艾克博（图1-2）等人为代表的"加州风格"，以及布勒·马尔克斯（图1-3）的有机形式景观作品。

图 1-1　唐纳花园

图 1-2　艾克博作品

图 1-3　巴西教育及公共卫生部屋顶花园平面（布勒·马尔克斯作品）

现代主义设计的理论和实践都受到立体派的启发,景观从两维向多维方向转化,景观师倾向对空间作多维演绎,尤其依赖现代艺术中用简单有序的形状创造纯粹的视觉效果的构图形式。立体派所倡导的不断变换视点、多维视线并存于同一空间的艺术表现方法可以说是现代主义设计的重要手法之一。从形式到功能,现代主义设计引发了景观空间的审美革命。建成于 1999 年的巴塞罗那雅尔蒂(Jardi)植物园位于蒙特惠奇山的南坡,能够欣赏到加太罗尼亚首府的壮丽景色。景观师贝特·费盖拉斯和建筑师卡洛斯·菲拉特尔合作设计,使用了复杂的不规则几何形式来划分空间,用裸露的混凝土和锈铁建造园中的小路和墙体。穿过了大型钢铁制成的大门,从低矮的结合地形的建筑中走出来,游客就会发现前面视野开阔的景观。园里的景观呈梯田形状,有许多三角形的道路和锯齿状延伸的锈红色钢板和浅灰色裸露的混凝土。设计中坚持采用带墙体的草坡,其意图在于作为面临威胁的梯田文化的抽象再现。整个地块以不同寻常的方式划分成三角形的种植区域,目的在于规划一个三角形的网络,这种形式更加适合灵活多变的地形,同时,自然的片断、尖锐的钢铁护坡和不规则的混凝土混杂形成了独特的视觉外观。形式的解放极大地丰富了景观设计的语言,分解重构的手法使现代景观呈现出从未有过的面貌,但是当形式被彻底打碎之后,新的迷茫又开始出现,这些支离破碎的形体难道就是构筑我们未来世界的所有手段?回答应该是否定的。但作为当今景观设计中新的表现形式,它值得我们去认真研究其存在的客观价值。

彼得·艾森曼设计的意大利维罗纳"逝去的脚步"(Lost Foot)庭院位于一个 14 世纪的古堡,在 1958—1964 年由卡洛·斯卡帕改建成为博物馆。艾森曼的设计从建筑出发,在建筑外部布置了与室内同大的五个空间,由倾斜的石板构成,与转换了角度的网格系统相重叠,穿插在三维形态的草体中。艾森曼考虑如何把原有的小尺度与大尺度结合在一起,如何在古堡、斯卡帕改造的部分以及自己的设计之间建立关系。在这里他应用了一贯的设计手法,红色钢管、地形的处理、倾斜的石板、起伏而不规则形态的草地成了较大空间中主要的三维物体,化解了水平空间的真实尺度,也构成了明显的带有立体主义色彩的视觉特征。

1.4.2　从景观规划到城市设计

现代景观从其发端便紧紧围绕着城市问题展开讨论,景观界的先哲们不仅仅扩大了研究的视野,研究的问题还从单一的生活环境美化上升到城市层面。在发表于 20 世纪 50 年代的几篇文章中,佐佐木叶二描述了从环境规划到城市设计的景观建筑学领域的研究范围。"我们需要对各种影响所规划地区的自然界力量进行生态学的观测",他在 1953 年写道:"这种观测可以决定何种文化形式最适合这些自然条件。使各种正在运作的生态张力能从这种研究中得到激发,从而创造出一个比如今我们所见到的更为合适的设计形式。"这种理念不仅反映在其景观设计创作中,也在其城市设计创作中打下了深深的烙印。注重生态环境与城市的和谐共生,体现在佐佐木事务所的多项城市设计之中。20 世纪 50 年代,当佐佐木叶二和他的事务所从事波士顿、费城和芝加哥的城市设计项目时,对城市的一些潜在问题进行了思考,他的城市设计思想正在逐渐走向成熟。印第安纳波利斯市中心区河滨改造工程(图 1-4)将已经废弃的白河沿岸土地改造成统一的城市开放空间,这一新的开放空间体系成为连接周围城区和城市滨水区的纽带。1955 年他在文章中写道:作为功能与文化表达载体的城市正处于危险之中。而在 1956 年他特别提到城市设计的新领域,他认为景观建筑师可以利用专业知识,为城市设计领域做出巨大的贡献。他们还能和规划师一起决定土地利用的有关方面,甚至决定整个项目的设计构架和形式。这些言论反映了佐佐木叶二对于景观建筑学和城市设计的互动关系以及城市发展的一些根本问题,已经有了严肃而深入的思考,他的城市设计思想正在逐渐走向成熟。我们进行规划和设计的土地不是作为商品,而是作为自然资源、人类活动的场所以及人类的财富和文明记忆,这就是这位创始人对自己的职业和公司的根本观点。

(a) 滨水区中心　　　　　　　　　　　　　(b) 滨水区鸟瞰

图 1-4　印第安纳波利斯滨水区

1.4.3　行为科学与人性化景观环境

古典主义的景观设计是以人的意志为中心的,东西方景园设计均有鲜明的人本意识,现代景观设计强调"创造使人和景观环境相结合的场所,并使二者相得益彰"。在此前提下研究人的行为与心理,从而使景观设计更好地实现以人为本。人是环境的主宰,人同样离不开环境的支撑。《马丘比丘宣言》中有这样一段:"我们深信人的相互作用和交往是城市存在的根本依据。"景观环境的创造不同于物质生产,它是将环境作为人类活动的背景,为人类提供了游憩空间。《华沙宣言》指出:"人类聚居地必须提供一定的生活环境,维护个人、家庭和社会的一致,采取充分手段保障私密性,并且提供面对面的相互交往的可能。"拉特利奇的《大众行为与公园设计》、扬·盖尔的《交往与空间》、爱德华·T.霍尔的《隐匿的尺度》、高桥鹰志的《环境行为与空间设计》等专著针对环境中人的行为展开系统的调查研究,进一步揭示人在环境中的行为与心理。现代景观设计融功能、空间组织及形式创新为一体,良好的服务或使用功能是景观设计的基础。例如,为人们漫步、休憩、晒太阳、遮阴、聊天、观望等户外活动提供适宜的场所,在处理好流线与交通关系的基础上,考虑到人们交往与使用中的心理与行为的需求。

约翰·O.西蒙兹在《景观设计学——场地规划与设计手册》中指出:"景观,并非仅仅意味着一种可见的美观,它更是包含了从人及人所依赖生存的社会及自然那里获得多种特点的空间;同时,应能够提高环境品质并成为未来发展所需要的生态资源。"设计师应该坚持"以人为本"作为"人性化"设计的基本立足点,在景观环境设计中强调全面满足人的不同需求。人性化景观环境设计建设有赖于使用者的积极参与,不论是建设前期还是建成以后,积极倡导使用者参与空间环境设计具有十分重要的意义。使用者将需求反映给设计者,尽可能弥补设计者主观臆测的一面,这将有助于景观师更有效的工作,并加强使用者对景观环境的归属感和认同感。调研、决策、使用后评价几个过程是可以发挥使用者潜力的环节,应积极地发挥景观设计中的"互动"与"交互"关系。人性化景观环境设计主要由三方面构成:人体的尺寸、人在外部空间中的行为特点以及人在使用空间时的心理需求。

1.4.4 生态学观念与方法的应用

20世纪二三十年代,英国学者G.E.赫特金斯和C.C.法格提出景观是由许多复杂要素相联系而构成的系统。如果对系统的构成要素加以变动,将不可避免地影响系统中的其他组成部分。诸环境要素之间存在着内在的关联,而对于环境的研究也总是从单一的因素入手,诸如土壤、植被、坡度、小气候、动物等,如何将诸要素完整地整合到同一场地之中,从而完整、全面地认知场地,1943年L.B.埃斯克里特的专著《区域规划》(*Regional Planning*)一书对于如何使用叠图法分析景观环境有了详尽的论述。这是一个简单易学、易用并且行之有效的技术措施,对于推广科学化的景观规划具有重要的现实意义。1969年,麦克哈格在其经典名著《设计结合自然》中提出了综合性的生态规划思想。

对于景观环境中的一些环境敏感设施的选址、选线向来是中外景观设计中备受争议的话题,为此Design Workshop INC专门研发了一套视觉模拟系统以辅助设计,取得可喜的成果(图1-5)。今天广泛使用的GIS系统也可以有效地解决长期以来关于上述问题的困扰。Design Workshop INC改造设计的美国亚利桑那州凤凰城西部能源协会经营与维修中心的景观环境,用对环境非常敏感的沙漠景观代替了原先的绿洲景观以保护水与能源。

生态学观念影响着景观设计理念,生态化景观环境设计突出在改造客观世界的同时,不断减少负面效应,进而改善和优化人与自然的关系,生成生态运行机制良好的景观环

图 1-5　基于视觉模拟系统完成的某高尔夫球场设计

境。生态观念强调环境科学不断更新的相关知识信息的相互渗透,以及多学科的合作与协调。城市景观建设须以生态环境为基础,在生态学基本观念的前提下重新建构城市景观环境设计的理论与方法。城市景观环境是一个综合的整体,景观生态设计是对人类生态系统整体进行全面设计,而不是孤立地对某一景观元素进行设计,是一种多目标设计,为人类和动植物需要、为审美需要,设计的最终目标是整体优化生态学方法可以贯穿到景观环境设计的全过程,如用地的选择、用地的评价、工程做法、植物的选择与配置、景观构成等方面,目的在于完善环境的机能,促成建筑与环境的有机化,从而达到建筑环境的动态平衡。

　　生态型景观是指既有助于人类的健康发展又能够与周围自然景观相协调的景观。生态景观的建设不会破坏其他生态系统或耗竭资源。生态景观应能够与场地的结构和功能相依存,有价值的资源如水、营养物、土壤以及能量等将得以保存,物种的多样性将得以保护和发展。生态型城市景观环境规划设计须遵循景观生态学的原理,建立多层次、多结构、多功能的植物群落,建立人类、动物、植物相关联、相共生、相和谐的新秩序,使其在对环境的破坏影响最小的前提下,达到生态美、艺术美、文化美和科学美的统一,为人类创造清洁、优美、文明的景观环境。现代景观设计在生态学观念引导下业已形成一系列的生态化工程技术措施,诸如为保护表土层、保护湿地与水系、模拟地带性群落、采用地带性树种、地表水滞蓄、自然化驳岸、中水利用、透水铺装等。

1.4.5 地域特征与文化表达

　　地域是一个宽泛的概念,景观中的地域包含地理及人文双重含义。大至面积广袤的区域,小至特定的庭院环境,由于自然及人为的原因,任何一处场所历史地形成了自身的印迹,自然环境与文化积淀具有多样性与特殊性,不同的场所之间的差异是生成景观多样性的内在因素。景观设计从既有环境中寻找设计的灵感与线索,从中抽象出景观空间构成与形式特征,从而对于特定的时间、空间、人群和文化加以表现,通过场所记忆中的片断地整合与重组,成为新景观空间的内核,以唤起人们对于场所记忆的理解,形成特定的印象。

　　墨西哥景观师马里奥·谢赫南的作品泰佐佐莫克公园和成熟期的霍尔米尔科生态公园体现了当地的生态与环境特征——它是全世界的，同时也是本土的（图1-6）。

图 1-6　马里奥·谢赫南作品

　　赖特精通于在沙漠里种花和带刺的沙漠植物，以及在西南地区贫瘠的干旱土地上种花，营造属于沙漠的建筑与景观。赖特的有机建筑思想具有鲜明的地域性，和欧姆斯特德、凯文·林奇和劳伦斯·哈普林等有着相似的自然哲学观。如此强调景观的地域性深深地影响了现代景观设计。例如，肯尼亚狩猎宾馆方案，整个环境犹如布置于非洲土著的地毯之上，浓烈的色彩洋溢着浓郁的非洲文化氛围（图1-7）。

图 1-7　肯尼亚狩猎宾馆

　　通过景观设计保留场所历史的印迹，并作为城市的记忆，唤起造访者的共鸣，同时又具有新时代的功能和审美价值，关键在于掌握改造和利用的强度与方式。从这个意义上讲，设计包括对原有形式的保留、修饰和创造新的形式。这种景观改造设计所要体现的是场所的记忆和文化的体验。尊重场地原有的历史文化和自然的过程与格局，并以此为本底和背景，与新的景观环境功能和结构相结合，通过拆解、重组并融入新的景观空间之中，从而延续场所的文化特征。

　　第二次世界大战后的日本景观设计发展迅速，并不断寻求现代景观与传统园林的结合方式，日本的景观师铃木昌道、枡野俊明、佐佐木叶二、长谷川浩己和户田芳树都是现代景观的杰出代表。例如，东京都千代田区众议院议员议长官邸庭园，模仿传统禅宗庭院意向，树木、岩石、天空、土地等常常是寥寥数笔即蕴涵着极深寓意，在修行者眼里它们就是海洋、山脉、岛屿、瀑布，一沙一世界，这样的园林无异于一种"精神园林"。这种园林发展臻于极致——乔灌木、小桥、岛屿甚至园林不可缺少的水体等造园惯用要素均被一一剔除，仅留下岩石、耙制的沙砾和自发生长于荫蔽处的一块块苔地。这便是典型的、流行至今的日本枯山水庭园的主要构成要素。结合日本传统和式园林与现代景观于一体的景园风格，象征"新和风"的"条石透廊"，横穿和式与洋式两个庭园，消失在水池中。走在条石走廊上，右边是青青的草坪，左边是白河石的"大海"。在和式园中运用了白河石、白沙、枯草以及鸡爪槭，在现代园部分则运用了大草坪。彼得·沃克称赞佐佐木叶二"运用最简单的几何学形态，着眼于有生命的素材自身的丰富性和它们映现出来的光与影，扩展设计的领域"。设计师用一种智慧的手法诠释日本景观的民族风格。

1.4.6 个性化与独创性的追求

景观是空间的艺术，其形式不仅仅是表现的对象，也是形而上设计思想的物质载体，设计者千变万化的构思与意图无不是通过"形式"加以表现。景观师又追求独特的设计风格。与传统景观追求和谐美不同，凸现景观设计个性化是当代景观设计的趋势之一。如同生物学中基因变异能够产生新的基因和物种一样，部分先锋景观师为了追求奇异或表达特殊的设计理念，通过景观的构成要素、构成形式及其与环境之间的冲突，从而产生一种充斥着矛盾的景观形式，形成新的景观体验。现代景观设计的独创性体现为敢于提出与前人、众人不同的见解，敢于打破一般思维的常规惯例，寻找更合理的新原理、新机构、新功能、新材料，独创性能使设计方案标新立异，不断创新。

一定意义上说，现代景观艺术的变化折射出时代观念的变革，现代绘画与雕塑从描绘神话故事、宣扬宗教教义的重负中摆脱出来，开始寻求自身独立的价值。立体主义表达形式，野兽派表达色彩，表现主义表达精神，未来主义赞扬运动和速度，达达主义宣扬破坏，超现实主义则试图揭示人内心深处的真实……20世纪60年代，艺术中出现了从精英向大众化转变的呼声，世俗化和地方化的因素重新开始被关注，20世纪70年代之后，观念和哲学的成分在艺术中逐渐加重，概念艺术的盛行甚至表明艺术家可以不用画了，艺术家几乎成了哲学家，而这种观念直接导致大地艺术、极简主义、行为艺术和装置艺术等不同的流派的诞生。虽然可以质疑其中个别荒诞的现象，但这些思想的确丰富了艺术的发展，与此同时，景观设计也开始积极寻求自身新的意义。大地艺术可以说是和景观设计拥有完全相同的构成要素，但却向不同的方向发展，其中的不同就是大地艺术更加关注功能和形式之外的意义，它试图寻求弥合人类和环境之间沟壑的方式，探讨自然可能产生的新的含义，证明人和自然并不是不可调和的对立体。景观在满足了功能，或功能意义可以淡化的时候，神秘性、隐喻性和观念性的融入能够促进思考，使人们的情感得以寄托，甚至重新回归与绘画、诗歌同等的艺术地位。

当代景观建筑师们从现代派艺术和后现代设计思维方式中汲取创作的灵感，融汇雕塑方法去构思三维的景观空间。现代景园不再沿袭传统的单轴设计方法,立体派艺术家多轴、对角线、不对称的空间理念已被景观建筑师们加以运用。抽象派艺术同样影响着当代景观设计,曲线和生物形态主义的形式在景园设计中得以运用,通过对场地特征的分析与解读,不拘一格。采用适宜的表现方法,利用场地固有的特征营造、凸显环境个性成为当代景观设计的一大特点(图 1-8)。

图 1-8　查尔斯·詹克斯作品

1.4.7　场地再生与废弃地景观化改造

任何人工营建的设施均有设计及使用寿命,如我国民用建筑设计使用寿命为 50～100 年,而正常使用周期内也会因为种种原因需要转变使用要求,因此大量设施当超越设计使用周期后或项目本身转变使用功能后往往存在如何处置或二次设计的问题。

废气工业地景观化的代表性作品有美国西雅图煤气厂公园(Gas Work Park)、德国北杜伊斯堡景观公园(Duisburg North Landscape Park)、德国萨尔布吕肯市港口岛公园、鲁尔区的格尔森基尔辛北星公园,纽约斯坦顿岛 Fresh Kills 垃圾场、内华达达斯维加斯湾、伦敦湿地中心和荷兰阿姆斯特丹的 Westergasfabriek 公园。理查德·哈格于 1972 年主持设计的美国西雅图煤气厂公园(图 1-9),首先应用了“保留、再生、利用”的设计手法。面对原煤气厂杂乱无章的各种废弃设备,哈格因地制宜,充分地尊重历史和基地原有特征,把原来的煤气裂化塔、压缩塔和蒸汽机组保留下来,表明了工厂的历史;并把压缩塔和蒸汽机组涂成红、黄、蓝、紫等不同颜色,用来供人们攀爬玩耍,实现了原有元素的再利用。德国景观设计师彼得·拉茨设计的北杜伊斯堡景观公园(图 1-10),充分利用了原有工厂设施,在生态恢复后,生锈的灶台、斑驳的断墙,在“绿色”的包围中讲述着一个辉煌工厂帝国的过去。

如深圳梅丰社区公园(自组空间设计),设计以“开放、生态、多元”为原则,对场地及周边进行系统地梳理:拆除围墙,打开公园的边界,建立公园与城市街道、小区的可达性;砸掉现状钢筋水泥地,让土地重新呼吸,建立生态的景观基底;完善公园路网及基础服务

图 1-9　美国西雅图煤气厂公园

设施,考虑周边使用人群,设置儿童游戏场地、阶梯广场、文化展示长廊和慢跑道等多元的休憩娱乐场所,将场地变为安全舒适的社区公园,让原本封闭的荒废地转变为活化周边社区的城市公园。

图 1-10　北杜伊斯堡景观公园

　　各国的实践不仅变革了传统的景观设计观念,也丰富了景观的类型与表现手法。但其中也存在诸多问题,比如尺度迷失。产业类建筑由于其功能特殊性,往往尺度巨大,设计中往往缺乏对人的尺度和建筑尺度之间的比较分析,造成了方案建筑与人的尺度感相差较大,同时由于其结构的僵硬和冷峻,更加拉开了与人之间的距离。强调了对于工业遗产的多样化改造模式,却缺乏对尺度消解和产业建筑氛围塑造等方面的研究,这是工业遗存景观化改造中的通病。往往改造建、构筑物大多作为地标,符号性远大于其实用性功能,部分工业建筑物内部的使用方式也受到了既有结构、层高、设备、通风乃至保温节能等因素的限制,改造与使用的成本居高不下,往往是"叫好不叫座"。

1.4.8　节约型景观与可持续发展观

　　"节约"并不单纯意味着一次性工程造价的少投入,而是在充分调研与分析的基础上,通过集约化设计,以适宜性为基础比选、优化设计方案,合理布局各类景观用地,利用天然的河流、湖泊水系,尽量减少对于洁净水源的依赖,最大限度地重复利用既有的环境资源。通过采取节能、节水、推广地带性植被、使用耐旱植物等技术措施,实现减少管护,减少人、财、物的投入,从而实现节约的目的,科学化的规划设计是实现景观环境可持续发展的基础。

景观环境中的建筑及工程设施,尽可能采用节能技术,充分考虑太阳能的利用、自然通风、采光、降温、低能耗围护结构、地热循环、中水利用、绿色建材、有机垃圾的再生利用、立体绿化、节水节能设备等建造技术。景观环境亮化节能,延长灯具使用寿命。利用自然光以及自动控制技术实现节电,利用软开关技术延长灯具寿命等。

合理选择植物种类,优化植物配置。植物是景观环境的主要组成部分,合理的植物种类选择和配置方式,对发展节约型景观环境有重要意义,通过采用地带性植物、推广使用耐旱植物、模拟地带性植物群落增强植物的适应性和抗逆性、耐旱能力、减少养护管理等方式实现节约。一片"耐旱的"景观用地,一般可节水 30%～80%,还可相应地减少化肥和农药的用量。既减少了对水资源的消耗,又降低了对环境的负面影响。

雨水利用是充分利用有限水资源的重要途径。德国柏林波茨坦广场(图 1-11)通过相应集水技术和措施,不仅可以利用雨水资源和节约用水,还能够减缓建成环境排涝并补充地下水位,改善城市生态环境。此外采取节水型灌溉方式,可以降低景观环境对水资源的消耗。传统的浇灌会浪费大量的水,而喷灌是根据植物品种和土壤、气候状况,适时适量地进行喷洒,不易产生地表径流和深层渗漏。喷灌比地面灌溉可省水 30%～50%,因此必须大力推广节水型灌溉方式。

图 1-11　德国柏林波茨坦广场

"3R",即减少资源消耗(reduce)、增加资源的重复使用(reuse)、资源的循环再生(recycle),是进行景观设计的三个重要方法。"3R"中包含后现代思想,在建成环境的更新过程中,废弃的工业用地可以通过生态恢复后转变成为游憩地,这不仅可以节约资源与能源,还可以恢复历史片段,延续场所文脉。可持续景观规划设计是指在生态系统承载力范围内运用生态学原理和系统化景观设计方法,改变景观环境中生境条件、优化景观结构,充分利用环境资源潜力,实现景观环境保护、自然与人文生态和谐与持续发展。

学习笔记

第2章 景观设计基本原理

2.1 景观造景手法

2.1.1 景观赏景

1. 景的含义及主题

园林中的景,是指在园林绿地中,自然的或经人工创造的、以能引起人的美感为特征的一种供游憩观赏的空间环境。景的主题,是指景观景物主题能集中具体地反映设计内容的思想和功能特质。各类造园材料都可以作为设计的主题,以地形和植物两类较常用。景的主题可分为以下几种。

(1)地形主题。地形是景观景物的基础。自然界的平原、山地、河湖、山体及人工创造的各种地形,能反映出不同的风景主题(图2-1)。例如,变幻多端的溪流等,可贯穿于景观设计中来创造不同的空间,成为园景的表现主题。

(2)植物主题。植物是景观的主体,是景观自然美的主题,具有显著观赏特点的乔木、灌木、花卉、草本等,以其种类、树形、色彩,花期(图2-2)、季相、单体、群体等,成为风景主题。

图 2-1　以地形为风景的主题　　　　　图 2-2　以植物花期为风景的主题

(3)建筑景物主题。建筑是景观的"眉目",在景观中起点缀、控制等作用,利用建筑的风格、布置位置、组合关系可产生景观主题(图2-3)。

(4)历史、人物、典故主题。应用历史、人物、典故作景观主题,可以产生纪念意义,通过游园可使游人进行凭吊,同时学习历史知识,但是这些主题并非单独使用,往往综合在

图 2-3　以建筑为风景的主题

一起,使园区的主题形式更加丰富。

2. 赏景

景观赏景是一种以游赏者为审美主体,景观为审美客体的审美认识活动,要想设计出理想的景观作品,首先应该懂得如何赏景。

赏景层次可简单概括为观、品、悟三阶段,它们是一个由被动到主动、从实境至虚境的复杂的心理活动过程。

(1)观。观是赏景的第一层次,主要表现为游赏者对景观中感性存在的整体直觉把握。因此,在这一阶段,景观以其外在形式特性,如景观各构成要素的形状、色彩、线条、质地等起着决定性的作用。

(2)品。品是游赏者根据自己的生活体验、文化素质、思想情感等,运用联想、想象、思维等心理活动,去扩充、丰富景观景象,领略、开拓景观意境的过程。这是一种积极的、能动的、再创造性的审美活动。例如,景观景物中千姿百态的形状、姹紫嫣红的色彩、雄浑的气势和幽深的境界,在一定程度上是作为人的某种品格和精神象征而吸引游人的。通过想象、体验、移情,使游赏者神游于景观景象中而达到物我同一。

(3)悟。悟是游赏者从游园中醒悟过来,沉入一种回忆,一种探求,在品味、体验的基础上进行哲学思考,以获得对景观意义的深层的理性把握。中国园林,尤其是中国古典园林就是这样小中见大,从而对人生、历史、宇宙产生富有哲理性的感受和领悟,引导游赏者达到园林艺术所追求的最高境界。

但在具体的赏景活动中,三者的区别并不明显,而是有可能边观、边品、边悟,三者合一的。

2.1.2　景观造景手法

在景观绿地中,景观设计者常以高度的思想性、科学性、艺术性,将景观要素反复推敲,组织成优美的景观。这种美景的设计过程称为造景。人工造景要根据景观绿地的性质、规模因地制宜、因时制宜。常用的造景手法如下。

1. 主景

景就距离远近、空间层次而言,有前景、中景、背景之分,即近景、中景与远景。没有层次就没有景深。中国园林无论是建筑围墙,还是花草树木、山石水景、景区空间等,都喜欢用丰富的层次变化来增加景观深度。一般前景、背景都是为了突出中景而言的,中景往往是主景部分(图 2-4)。

主景是能够集中观赏者的视线,成为画面重点的景物。配景起着陪衬主景的作用,二者相得益彰又形成一个艺术整体。不同性质、规模、地形环境条件的景观绿地中,主景、配景的布置是有所不同的。北京北海公园的主景是琼华岛和团城,其北面隔水相对的五龙亭、静心斋、画舫斋等是配景。然而,要突出主景,需要一定的造景技巧,景观规划设计中常常需采取一些措施,常用的手法有主体升高、运用轴线和风景视线的焦点、动势集中等。

(1)主体升高。在空间高度上加以突出,使主景主体升高(图 2-5)。升高的主景,由于背景是明朗简洁的蓝天,使主景的造型、轮廓、体量鲜明地衬托出来,而不受或少受其他环境因素的影响,使构图的主题鲜明。

图 2-4　景观的前景、中景、背景　　　　　　　图 2-5　升高主景

(2)运用轴线和风景视线的焦点。一般常把主景布置在中轴线的终点,轴线是园林风景或建筑群发展、延伸的主要方向。此外,主景常布置在景观纵横轴线的相交点,或放在轴线的焦点或风景透视线的焦点上。

(3)动势集中。如水面、广场、庭院等四面环抱的空间,其周围次要的景物往往具有动势,趋向于视线集中的焦点上,主景最宜布置在这个焦点上。为了避免构图呆板,主景不一定正对空间的几何中心,而偏于一侧。

(4)渐变。在色彩中,色彩由不饱和到饱和,或由饱和到不饱和,由暗色调到明色调,或由明色调到暗色调所引起的艺术上的感染,称为渐变感。景观景物,由配景到主景,在艺术处理上,级级提高,步步引人入胜,也是渐变的处理手法。

(5)空间构图的重心。为了突出主景,常把主景布置在整个构图的重心处,规则式景观构图中,主景常居于构图的几何中心;自然式景观构图中,主景常布置在构图的自然重心上。

综上所述,主景是强调的对象,为了达到目的,一般在体量、形状、色彩、质地及位置上都被突出。为了对比,一般都用以小衬大、以低衬高的手法突出主景。但有时主景也不一定体量很大、很高,在特殊条件下低在高处、小在大处也能取胜,成为主景。

2. 配景

在公园的造景设计中,首先须安排好主景,同时也要考虑好配景。园林属于空间艺术,也同其他艺术作品完全一样,故园景也一定要有主、从之分,以主景为主,配景为从,配景起着陪衬主景的作用。

3. 其他造景手法

(1)借景。"园林巧于因借",借景在景观造景中十分重要。有意识地把园外的景物"借"到园内可透视、感受的范围中来,称为借景。朝花夜月、风霜雨雪、日月星辰、鸟语花香、寺殿庙宇、楼阁亭台等,依环境、状况等不同,借景的具体做法也不一样。

借景的内容主要包括以下几点。

① 借形组景。主要采用对景、框景等构图手法把有一定景观价值的远、近建筑物以及山、石、花木等自然景物纳入园区中。

② 借声组景。自然界声音多种多样,景观中所需要的是能激发感情、怡情养性的声音。在我国园林中,暮鼓晨钟,溪谷泉声,林中鸟语,雨打芭蕉,柳岸莺啼等,均可为景观空间增添几分意境。

③ 借色组景。景观中十分重视以月色组景。如杭州西湖的"三潭印月""平湖秋月",承德避暑山庄的"月色江声""梨花伴月"等,都以借月色组景而得名。另外,还有白桦白色的树干、五角枫红色的树叶、水蜡黑色的果实等。

④ 借香组景。在造园中运用植物散发出来的幽香以增添游园的兴致是景观设计中一项不可忽视的因素。例如,在芍药专类园中,除了可以观其形外,还可闻其香。

借景的方法主要有以下几种。

① 远借。远借是把景观远处的景物组织进来,所借物可以是山、水、树木、建筑等。例如,北京颐和园远借西山及玉泉山之塔,无锡寄畅园借惠山,济南大明湖借千佛山等。

② 近借。近借又称邻借,是把园区邻近的景色组织进来。周围环境是近借的依据,周围景物只要是能够利用成景的都可以利用,不论是亭、台、楼、阁,还是山、水、花、木均可。例如,邻家有一枝红杏可对景观赏,或设漏窗借取,形成"一枝红杏出墙来"。

③ 仰借。仰借是利用仰视借取园外景观,以借高景物为主。包括古塔、高层建筑、山峰、大树,也包括碧空白云、明月繁星等。例如,北京的北海借景山,南京的玄武湖借鸡鸣寺均属仰借。仰借观景视觉较疲劳,观赏点应设亭台座椅。

④ 俯借。俯借是指利用居高临下俯视观赏园外景物。如登高四望,四周景物尽收眼底,就是俯借。所借景物甚多,如江湖原野、湖光倒影等。

⑤ 应时而借。利用一年四季、一日之时,由大自然的变化和景物的配合而成。对一日来说,有日出朝霞、晓星夜月;以一年四季来说,有春光明媚、夏日原野、秋天丽日、冬日冰雪。植物也随季节转换,如春天的百花争艳,夏天的浓荫覆盖,秋天的层林尽染,冬天的树木姿态,这些都是应时而借的意境素材,许多名景都是以应时而借为名的,如西湖十景中的"苏堤春晓""曲院风荷""平湖秋月""断桥残雪"等。

(2)对景。凡位于景观绿地轴线及风景透视线端点的景称为对景(图2-6)。是为了满足不同性质的园林绿地的功能要求,达到各种不同景观的欣赏效果,创造不同的景观气氛,景观中常利用各种景观材料来进行空间组织,并在各种空间之间创造相互呼应的景观。对景可作严整、规则的对称处理,也可作灵活、拟对称的处理。因此,对景又有正对与互对的分别。正对的景物,庄严、肃穆、一目了然。例如,西安的大雁塔作为雁塔路的对景,即为佳例。至于互对,则有自由、活泼、灵活、机动的美感,使景观景观参差多变。例如,苏州拙政园中的远香堂与其隔水相望的假山上的雪香云蔚亭,一高一低,遥遥相对。

图 2-6 对景

(3)障景。在景观绿地中凡是抑制视线,引导空间的屏障景物称为障景。障景一般采用突然逼近的手法,视线较快受到抑制,有"山重水复疑无路"的感觉,于是必须改变空间引导方向,而后逐渐展开园景,达到豁然开朗的"柳暗花明又一村"的境界。例如,拙政园中部入口处为一小门,进门后迎面一组奇峰怪石,绕过假山石,或从假山的山涧中出来,方是一乱池水,远香堂、雪香云蔚亭等历历在望。障景还能隐藏不美观和不求暴露的局部,而本身又成一景。障景务求高于视线,否则无障可言。障景常应用山、石、植物、建筑等,多数用于入口处,或自然式园路的交叉处,或河湖转弯处,使游人在不经意间视线被阻挡和组织到引导的方向。

(4)隔景。利用景观要素分隔景观的景色,称为隔景。通过分隔,能使景致丰富、深远,增添构图变化,可使园中若干景点、景区显其特色。例如,颐和园昆明湖的亭、桥、岛组合,分隔水面景观,形成多层次的画面,大有看不尽、游不完的韵味。分隔的作用,是使景藏起来,所谓景越藏则意境越大。隔景将景观绿地隔成若干空间,能产生园中有园、池中有池、岛中有岛和大景之中包含着小景的境界,从而扩展意境。

(5)夹景。景被树木、建筑等景观要素所夹,称为夹景。此景是利用树丛、岩石或建筑,分列在视线的两旁,使观景者的视线只能由两树丛或两建筑物之间通过,看到前方的美景。通常用于主景或对景前,用于左右较封闭的狭长空间(图 2-7),其作用是突出轴线或端点的主景或对景,美化风景构图效果,同时还具有增加景深的造景作用,引起游人注意。

（6）框景。利用门框、窗框、树框、山洞等的空缺之处，观看前方的景物，所看到的景观，即称为框景。由于画框的作用，将赏景人的视觉高度集中在框子中间画面的主景上（图2-8），于是景物便能给人以强烈的感染力。例如，专门为观赏"框景"而设置的北京北海"看画廊"，无形中增强了景致的诗情画意，从而使艺术效果大大地提高。框景必须设计好入框的对景。如先有景而后开窗，则窗的位置应朝向最美的景物；如先有窗而后造景，则应在窗的对景处设置，窗外无景时，则以"景窗"代之。观赏点与景框的距离应保持在景直径的2倍以上，视点最好在景框中心。

图 2-7 夹景

图 2-8 框景

（7）漏景。漏景是由漏窗取景而来的。除漏窗等建筑装修构件外，疏林树干也是好材料，但植物不宜色彩华丽，树干宜空透阴暗，树木体型宜高大，姿态宜优美，排列宜与景并列。框景的景致，清明朗爽，而漏景之景，则扑朔迷离。特别是沿漏窗之长廊或沿花格之围墙，在走马观景时，廊外、墙外的景色，忽断忽续，时隐时现，有"犹抱琵琶半遮面"的感觉，含蓄雅致，是空间渗透的一种主要方法。

（8）题景。简单地说，题景就是景致的题名。根据建筑等的性质、用途而予以命名和题匾（图2-9），为我国古代建筑艺术中的一种传统手法。题景这种方法后来也应用于园林的风景中，为各种景色标名题字，能起画龙点睛的作用，所以题景也有人称为点景。如万寿山、知春亭、爱晚亭、南天一柱、兰亭、花港观鱼等。它不但丰富了景的欣赏内容，增加了诗情画意，还点出了景的主题。

图 2-9 题景

（9）添景。在疏朗或感到不足的主景或对景前所增设的前景称为添景。其作用是丰富层次感，增加景深。一般多用建筑小品、景石或优型树木等充当添景，借以丰富园景的层次空间，增添变幻，丰富景观景色。例如，建筑物前姿态优美的树木无论是一株或几株都能起到良好的添景作用，在湖边看远景常有几丝垂柳枝条作为近景的装饰就很生动。

2.2　景观平面构图基本法则

2.2.1　形式美法则

1. 景观美

景观美则是景观设计师在对自然美、艺术美和生活美的高度领悟后所产生的审美意识与园林形式的有机统一。

概括地说，景观美应该包括自然美、生活美、艺术美三种形态。但绝不是简单地累加组合，而是经过"创造主体和欣赏主体——人"的提炼和升华后的综合的美。

2. 形式美法则的内容

景观艺术构图的基本原则即景观艺术形式美规律的法则，是用于指导设计理论的基础知识，在园林规划设计的实践中更重要。景观是由各种山水、植物、建筑、园路等园林要素构成的。这些构成要素具有一定的形状、大小、色彩和质感，而形状又可抽象为点、线、面、体。景观形式美法则就表述了这些点、线、面、体及色彩、质感的普遍组合规律。形式美法则的内容主要包括以下几个方面。

（1）对比与调和。对比是将迥然不同的事物并列在一起，差异程度显著的表现，使其在统一的整体中呈现出明显的差异，为了突出表现一个景点或景观，使之鲜明显著，引人注目。调和也称协调，是相近的不同事物的相融，并列在一起，达到完美的境界和多样化中的统一，使人感到协调、融合、亲切、随意、不孤独。景观中的调和是多方面的，如体形、线条、比例、色彩、虚实、明暗等都可以作为调和的对象。对比与调和是一种矛盾中趋向统一，统一中显出对立的美。景观景象要在对比中求调和，在调和中有对比，使景观丰富多彩，生动活泼，风格协调，突出主题。

对比的手法很多，景观中可以从许多方面形成对比，如形象、体量、方向、空间、明暗、虚实、色彩、质感等。下面介绍这几种常用的对比手法。

① 形象的对比。景观布局中构成景观景物的点、线、面和空间常具有各种不同的形状，如长宽、高低、大小等，以造成人们视觉上的错觉。在景观景物中应用形状的对比与调和常常是多方面的，对比存在了，还应考虑二者间的协调关系，所以在对称严谨的建筑周围，常种植一些整形的树木，并做规则式布置，而在自然式景观中，常以花草树木做自由式布置，以取得协调。

② 体量的对比。体量相同的景物，在不同环境中进行比较，给人的感觉不同，在大的环境中，会感觉其小，在小的环境中，会感觉其大。拿园林来说，大园气势磅礴、开敞、通透、深远；小园封闭、亲切、纤巧、曲折。大园中套小园，互相衬托，较小体量景物衬托大体

量的景物,大的更加突出,小的更加亲切。在景观中常常利用景物的这种对比关系来创造
"小中见大"的园林景观。例如,颐和园的佛香阁体量很大,而阁周围的廊,体量都较小,就
是这一效果。

③ 方向的对比。在景观的空间、形体和立面的处理中,常常运用垂直和水平方向的
对比来丰富园林景物的形象。例如,在景观中常常把山水互相配合在一起,用垂直方向高
耸的山体与横向平阔的水面相互衬托,避免了只有山或只有水的单调;用挺拔高直的乔
木形成竖向线条与低矮丛生的灌木绿篱形成的水平线条形成对比,从而丰富景观的立面
景观。景观建筑设计中也常常应用垂直线条与水平线条的对比来烘托建筑景观,造成方
向上的对比,增加空间在方向上的变化。

④ 空间的对比。在空间处理上,将两个有明显差异的空间安排在一起,借两者的对
比作用而突出各自的特点。例如,使大小悬殊的两个空间相连接,当由小空间进入大空间
时,由于小空间的对比、衬托,会使大空间给人以更大的幻觉,增加空间的对比感、层次感,
达到引人入胜的目的。

⑤ 明暗的对比。光线的强弱能造成景物、环境的明暗对比。环境的明暗对人有不同
的感受。明给人以开朗活泼的感觉,暗给人以幽静柔和的感觉,在景观绿地布局中,布置
明朗的广场空地供游人活动,布置幽暗的疏林、密林,供游人散步休息。一般来说,明暗对
比强的景物令人有轻快振奋的感觉,明暗对比弱的景物令人有柔和沉郁的感觉。在密林
中留块空地,称为林间隙地,是典型的明暗对比。

⑥ 虚实的对比。景观绿地中的虚实,常常是指景观中的实墙与空间、密林与疏林草
地、山与水的对比等,在景观布局中要做到虚中有实、实中有虚是很重要的。实让人感觉
厚重,虚让人感觉轻松,虚实对比能产生统一中有变化的艺术效果。在景观艺术中,虚和
实是相对而言的。例如,建筑是实的,植物是虚的。而在植物中密林又是实的,疏林则是
虚的;再如园林中的围墙,做成透花墙或铁栅栏,就打破了实墙的沉重闭塞感,产生虚实
隔而不断的对比效果。

⑦ 色彩的对比。利用色彩的对比关系可引人注目,以便更加突出主题,如常说的"万
绿丛中一点红",主要突出那一点红。色彩的对比与调和包括色相和色度的对比与调和。
色相的对比是指相对的两个补色产生的对比效果,如红与绿,黄与紫;色相的调和是指相邻
的色产生的效果,如红与橙,橙与黄等。颜色的深浅变化称为色度。如果黑是深,则白是浅,
深浅变化即是指色彩从黑到白之间的变化。植物的色彩,一般是比较调和的,因此在种植上
多用对比,以产生层次。秋季在艳红的枫叶林、黄色的银杏树叶的后面,应有深绿色的背景
树林来衬托。反之如白玉兰的背景是天空,紫薇的背景是红墙,其效果使游人茫无所获。

⑧ 质感的对比。在景观绿地中,可利用山石、水体、植物、道路、广场、建筑等不同的
材料质感,造成对比、强化效果。即使是植物之间,也因种类不同,有粗糙与细致,厚实与
空透之分。建筑上仅以墙面而论,有砖墙、石墙、大理石墙、混凝土墙面以及加工打磨情况
不同的各类贴面砖,从而使材料质感上有差异。不同材料质地给人不同的感觉,如粗面的
石材、混凝土、粗木等让人感觉稳重,而细致光滑的石材、细木等让人感觉轻松。

(2) 节奏与韵律。节奏是景物简单的反复连续出现,通过运动产生美感。景观中的
节奏就是景物有规律地反复连续出现,如灯杆、花坛和行道树等,就是简单的节奏。在景

观中的韵律,就是有规律,但又自由抑扬起伏变化,从而产生富于感情色彩的律动感,使得风景产生更深的情趣和抒情意味,如自然山峰的起伏、人工群落的林冠线等。

由于韵律与节奏有着内在的联系与共同性,故可用节奏韵律表示它们的综合意义,节奏韵律就是一种事物在动态过程中,有规律、有秩序并富于变化的一种动态连续的美。一座美好的景观由多种因素组成,其韵律感就像一组多种乐器合奏的交响乐,让人难以捉摸,园林的韵律感是十分含蓄的。按照韵律与节奏设计景观十分复杂,要从多方面探索韵律的产生,要研究自然界中的这种美的规律,去学习、模仿、提高,去创造更多的园林韵律美。现把园林绿地构图中常见的节奏韵律介绍如下。

① 简单韵律。由同种因素等距反复出现的连续构图。如等距的行道树、等高等距的长廊、等高等宽的登山道台阶、爬山墙等。

② 交替韵律。由两种以上因素交替等距反复出现的连续构图。如河堤上一株柳树、一株桃树的栽种,两种不同花坛的等距交替排列,登山道一段踏步一段平台交替等。

③ 渐变韵律。渐变韵律是指景观布局连续重复的组成部分,在某一方面作规则的逐渐增加或减少所产生的韵律,如体积的大小,色彩的浓淡,质感的粗细等。渐变韵律常在各组成部分之间有不同程度或繁简上的变化。

景观中在山体的处理上,建筑的体型上,经常应用从下而上越变越小,如塔的体型下大上小,间距也下大上小等。

④ 起伏曲折韵律。由一种或几种因素在形象上出现较有规律的起伏曲折变化所产生的韵律。例如,连续布置的山丘、道路、花径、树木、建筑等,可起伏曲折变化,并遵循一定的节奏规律。

⑤ 拟态韵律。既有相同因素又有不同因素反复出现的连续构图。例如,花坛的外形相同,但花坛内种的花草种类、布置各不相同;漏窗的窗框一样,但花饰又各不相同等。

⑥ 交错韵律。即某一因素做有规律地纵横穿插或交错,其变化是按纵横或多个方向进行的。如空间的一开一合,一明一暗,景色有时鲜艳,有时素雅,有时热闹,有时幽静,如组织得好,都可产生节奏感。例如,园路的铺装,用卵石、片石、水泥板、砖瓦等组成纵横交错的各种花纹图案,连续交替出现,设计得宜,能引人入胜。

(3)比例与尺度。景观绿地是由植物、建筑、园路、地形、山石、水体等组成,它们构图的美都与比例、尺度有关。经过长期的实践和观察,探索出黄金分割(即近似值 1: 0.618)是最佳的形式美比例。园林绿地构图的比例是指园景和景物各组成要素之间空间形体体量的关系,不是单纯的平面比例关系。

与比例相关联的是尺度。尺度是景物和人之间发生关系的产物,凡是与人有关的物或环境空间都有尺度问题,时间久了,这种大小尺寸和它的表现形式合为一体而成为人类习惯和爱好的尺度观念。景观绿地构图的尺度是景物与人的身高及使用活动空间的度量关系。这是因为人们习惯用人的身高和使用活动所需要的空间为视觉感知的度量标准。园林尺度又分为适用尺度、可变尺度和夸张尺度。如台阶的宽度不小于 30cm(人脚的长度),高度以 12~19cm 为宜(人抬起脚,不会产生疲劳的高度),一般园路宽能容两人并行,宽度以 1.2~1.5m 较合适,这些都为适用尺度。而花坛的大小可由所处空间的大小而定,属可变尺度;北京颐和园佛香阁的蹬道设置比较高,是为了体现佛香阁的高大宏伟,属夸张尺度,可见不同的功能,要求不同的空间尺度。

(4)均衡与稳定。均衡是指景观布局中左与右、前与后的轻重关系;稳定,是指景观布局在整体上轻重的关系而言。均衡与对称是形式美在量上呈现的美。人们从自然现象中意识到一切物体要想保持均衡与稳定,就必须具备以下的条件:像山那样,下部大,上部小;像树那样下部粗,上部细,并沿四周对应地分枝;像人那样具有左右对称的体形等。除自然的启示外,也通过自己的生产实践证实了均衡与稳定的原则。并认为凡是符合这样原则的景物,不仅实际上是安全的,而且感觉上也是舒服的。

① 均衡。均衡是对称的一种延伸,是事物的两部分在形体布局上不相等,但双方在量上却大致相当,是一种不等形但等量的特殊的对称形式。也就是对称都是均衡的,但均衡不一定都对称,因此,就分出了对称均衡和不对称均衡。对称均衡布置常给人庄重、严整的感觉,规则式的景观绿地中采用较多,如纪念性园林,公共建筑的前庭绿化等,有时在某些景观局部也运用。不对称均衡的布置小至树丛、散置山石、自然水池,大至整个景观绿地、风景区的布局。它常给人以轻松、自由、活泼、变化的感觉。所以广泛应用于一般游憩性的自然式的景观绿地之中。

② 稳定。稳定着重考虑上下之间的轻重关系。在景观布局上,往往在体量上采用下面大、向上逐渐缩小的方法来取得稳定坚固感。我国古典园林中的高层建筑物如颐和园的佛香阁、西安的大雁塔等,都是通过建筑体量上由底部较大而向上逐渐递减缩小,使重心尽可能低,来取得结实稳定的感觉。

形式美不是固定不变的,它随着人类的生产实践,审美实践的丰富、发展而不断积淀探索,从而注入新的内容。形式美的产生扩大了审美对象,传统的构图原理一般只限于从形式本身探索美的问题,显然有局限性。

因此,现代许多设计师,便从人的生理机制、行为、心理、美学等方面研究创作所必须遵循的准则。形式美的丰富、发展、不断完善,必将大大开拓人的审美境界,促进人对美的发现与创造。

2.2.2　景观意境创作

通过景观的形象所反映的情感,使游赏者触景生情,产生情景交融的一种艺术境界。景观意境对内可以抒己,对外可以感人。景观意境强调的是园林空间环境的精神属性,是相对于园林生态环境的物质属性而言的。景观造景并不能直接创造意境,但能运用人们的心理活动规律和所具有的社会文化积淀,充分发挥景观造景的特点,创造出促使游赏者产生多种优美意境的环境条件。

2.3　景观平面布局形式及特征

在景观中把景物按照一定的艺术规则有机地组织起来,创造一个和谐完美的整体的过程称为景观布局。景观是由一个个、一组组不同的景物组成的,这些景物不是以独立的形式出现的,而是由设计者把各景物按照一定的要求有机地组织起来的。景观绿地布局形式多种多样,大致可分为规则式、自然式和混合式三种。

2.3.1 规则式

规则式景观布局采用几何图案形式。例如,建筑物或景点之间用直线道路相联系,水池或花坛的边缘、花坛的花纹、色彩的组合也用直线或曲线组成规则的几何图案。这类景观大多有明显的中轴而且左右均衡对称(图 2-10~图 2-21)。形成规则式景观布局是由于受到历史传统、哲学思想或生产水平的影响。主要的中外规则式景观代表有我国的北京天坛、南京中山陵,法国的凡尔赛宫,意大利的台地园等。

图 2-10 规则式园林

图 2-11 规则式园林植物

图 2-12 规则式园林园路

2.3.2 自然式

自然式园林是景观布局按自然景观的组成规律采取不规则形式。通过对自然景观的提炼和艺术的加工,再现出高于自然的景色(图 2-13、图 2-14)。它可以满足人们向往自然、寓身自然的审美意识。我国园林,无论是大型的帝王苑囿还是小型的私家园林,多以自然式山水园林为主。如北京颐和园、北海公园,承德避暑山庄,苏州拙政园、留园等。新建园林,如北京的紫竹院公园、杭州花港观鱼公园、广州越秀公园等。

规则式和自然式景观的布局特点见表 2-1。

表 2-1 规则式和自然式景观布局特点对比

要 素	布 局 特 点	
	规 则 式	自 然 式
中轴线	全园在平面规划上有明显的中轴线,并大概依中轴线的左右前后对称或拟对称布置	无
地形	平坦开阔地段,由不同高程的水平面及缓倾斜的平面组成;在山地及丘陵地段,同阶梯式的大小不同水平台地倾斜平面及石级组成,其剖面均为直线所组成	要求再现自然界的山峰、崖、岗、岭、峡、岬、谷、坞、坪、洞、穴等地貌景观。在平原,要求自然起伏、和缓的微地形。地形的剖面为自然曲线
水体	水景的类型有整形水池、整形瀑布、喷泉、壁泉及水渠运河等,雕塑与喷泉构成水景的主要内容。外形轮廓均为几何形,主要是圆形和长方形,水体的驳岸多整形、垂直,有时与雕塑配合使用	园林水景的主要类型有湖、池、潭、沼、汀、溪、涧、洲、港、湾、瀑布、跌水等。水体的轮廓为自然曲折,水岸为自然曲线的倾斜坡度,驳岸主要用自然山石驳岸、石矶等形式
植物	全园树木配植以等距离行列式、对称式为主,树木修剪整形多模拟建筑形体、动物造型。园内常运用大量的绿篱(图 2-11)、绿墙、丛林划分和组织空间,花卉布置常为模纹花坛和花带,有时布置成大规模的花坛群	要求反映自然界植物群落之美,不成行成排栽植(图 2-13)。树木不修剪,配植以孤植、丛植、群植、密林为主要形式。花卉的布置以花丛、花群为主要形式
道路(广场)	道路均为直线形(图 2-12)、折线形或几何曲线形。广场多呈规则对称的几何形,主轴和副轴线上的广场形成主次分明的系统;广场与道路构成方格形式、环状放射形、中轴对称或不对称的几何布局。形成与广场、道路相组合的主轴、副轴系统,形成控制全园的总格局	道路的走向、布列多随地形,道路的平面和剖面多为自然起伏曲折的平曲线和竖曲线组成(图 2-14)。除建筑前广场为规则式外,园林中的空旷地和广场的外形轮廓为自然式的
建筑	主体建筑群和单体建筑多采用中轴对称均衡设计,多以主体建筑群和次要建筑群形成与广场、道路相组合的主轴、副轴系统,形成控制全园的总格局	单体建筑多为对称或不对称的均衡布局;建筑群或大规模建筑组群,多采用不对称均衡的布局。局部有轴线处理。建筑类型有亭、廊、榭、舫、楼、阁、轩、馆、台、塔、厅、堂、桥等
园林小品	雕塑主要以人物雕像布置于室外,并且雕像多配置于轴线的起点、交点和终点。雕塑常与喷泉、水池构成水体的主景	假山、石品、盆景、石刻、砖雕、木刻等

图 2-13　自然式景观植物

图 2-14　自然式景观园路

2.3.3　混合式

　　混合式景观有两种布局形式,一是将自然式园林和规则式景观的特点用于同一景观中,如在园路布局中,规则式的主园路与自然式的园林小径交错布置;又如在植物配植中,外围采用等距离行列式的规则式配植方式,内部则采用丛植、群植等自然式配植方式。二是将一个景观分为若干个区,一部分区域采用规则式布局,另一部分区域采用自然式布局(图 2-15)。应该强调的是,无论是哪一种布局形式,只有当规则式与自然式布局所占的比例大致相等时,方可称为混合式景观。

图 2-15　混合式园林

2.4 景观空间应用与处理

2.4.1 景观空间及分类

1. 景观空间

空间就是指由地面、顶面及垂直面单独或共同组合,围成具有实在的或感觉上的范围。景观绿地构图是以自然美为特征的空间环境规划设计,而非单纯的平面或立面构图。景观绿地要综合利用山石、水体、植物、道路、广场、建筑、小品等,并以室外空间为主体与室内空间相互渗透来创造景物。此外,园林绿地构图的要素,如景观植物、山、水等的景观都随着时间、季节而变化,因而景观是四维的空间艺术,在设计时还要考虑时间对园景的影响,以创造浪漫的四季景观。景观设计就是要利用各种园林素材的有机组合,配合日、月、风、雨等自然现象,来创造变化多样的景观空间。也就是说,把景观山水、建筑、植物、地形以及天文气象等因素,看成一个完整的统一体,综合地组合在一起,构成不同类型的景观艺术空间。

2. 分类

在景观设计中,不同的构思和处理手法,可以创造出性质不同的景观空间。景观空间的形式按开闭情况可分为开敞空间、闭锁空间和纵深空间。

(1)开敞空间。开敞空间是指人的视线高于周围景物的空间。开敞空间内的风景称为开朗风景。在开敞空间,人的视线可以延伸到远方,给游人以明朗开阔之感,使游人目光宏远,心胸开阔。辽阔的平原,苍茫的大海,均属于开敞空间,但开敞空间缺乏近景的感染力。

(2)闭锁空间。闭锁空间是指人们的视线被周围景物遮挡住的空间。如山沟、盆地、林中空地、四合院等均属闭锁空间。闭锁空间中的风景叫闭锁风景。在闭锁空间内,可将景物布置得比较丰富,增强近景的感染力。闭锁空间给人以幽深之感,但感觉闭塞。

(3)纵深空间。纵深空间是指在狭长的地域中两旁有密林、建筑、山丘等物挡住视线的狭长空间。纵深空间的端点,正是透视的焦点,容易引起游人的注意,常在端点布置风景,这种风景称为聚景。

上述三种空间对比强烈,给人以三种不同的感受。景观设计时要求三种空间配合恰当,在空间上给人以变化无穷的感觉。

2.4.2 景观静态布局方法

静态风景是指游人在相对固定的空间内所感受到的景观,这种风景是在相对固定的范围内观赏到的,因此,其观赏位置对效果有直接影响。

1. 不同视角下的垂直视距

赏景点与景物之间的距离,称赏景视距。赏景视距适当与否与赏景的艺术效果关系甚大。人的视力各有不同,正常人的视力,明视距离为 25cm,4km 以外的景物不易看到,在大于 500m 时,对景物存在模糊的形象,距离缩短到 250～270m 时,能看清景物的轮廓,如看清花木种类的识别则要缩短到几十米之内。在视角方面,不转动头部,通常垂直明视角为 26°～30°,水平明视角为 45°,超过此范围就要转动头部。转动头部观赏,对景物整体构图印象就不够完整,而且容易感到疲劳。

2. 不同视角的风景效果

在景观中,景物是多种多样的,不同的景物要在不同的位置来观赏才能取得最佳的效果,一般根据观赏景物时,赏景视高根据视景点高低不同,可分为平视、仰视、俯视。

(1)平视风景。平视是视线平行向前,游人头部不用上仰下俯,可以舒服地平望出去,给人以平静、安宁、深远的感觉,不易疲劳。平视风景应布置在视线可以延伸到较远的地方,如园林绿地中的安静地区、休息亭榭、疗养区的一侧等。

(2)仰视风景。游人在观赏景物时的仰角大于 45°,视点距离景物很近,就要把头微微仰起,这时与地面垂直的线条有向上消失感,故景物的高度感染力强,易形成一种雄伟、高大和威严感(图 2-16)。例如,古典园林中堆叠假山,不从假山绝对的真实高度去考虑,而将视点安排在近距离内,使山峰有高入蓝天白云之感;从颐和园德辉殿仰视佛香阁,仰视角约为 62°,由下往上望,佛香阁高入云端,宛如神仙宫殿,也是运用这种手法。

(3)俯视风景。游人视点较高,景物展现在视点下方,必须低头俯视才能看清景物,此时视线与地平线相交,景物垂直于地面的直线,产生向下的消失感,故景物愈低就显得愈小,俯视易造成开阔和惊险的风景效果,增强人们的信心、雄心(图 2-17)。一览众山小,登泰山而小天下就是这种手法。

图 2-16　仰视风景

图 2-17　俯视风景

2.4.3　景观动态布局方法

景观对游人来说是一个流动的空间,在这个空间中,既有静态景观又有动态景观。当游人在园林中某位置休息时,所看到的景观为静态景观;而在园内游动时所看到的景观为动态景观。动态景观是满足游人"游"的需要,而静态景观是满足游人"憩"时的观赏,所以园林的功能就是为游人提供一个"游憩"的场所来考虑的。动态景观是由一个个序列丰富的连续风景形成的。

1. 景观空间的展示程序

当游人进入一个园林内,其所见到的景观是按照一定程序由设计者安排的,这种安排的方法主要有三种。

(1)一般程序。一般程序通常有两段式或三段式两种类型。所谓两段式,就是从起景开始逐渐过渡到高潮结束。多用在一些简单的景观布局中,如纪念性公园,往往由雕塑开始,经过广场,进入纪念馆达到高潮就结束了。但是多数景观具有较复杂的展示程序,三段式的程序是可以分为起景、高潮、结景三个阶段。在此期间还有多次转折,由低潮发展为高潮景序,接着又经过转折、分散、收缩至结束。例如,北京颐和园从东宫门进入,以仁寿殿为起景,穿过牡丹台转入昆明湖边,豁然开朗,再向北转西通过长廊的过渡到达排云殿,再拾级而上直到佛香阁、智慧海,到达主景高潮。然后向后山转移再游后湖、谐趣园等园中园,最后到东宫门结束。除此外还可自知春亭,向南去过十七孔桥到龙王庙岛再乘船北上到石舫码头,上岸再游主景区。无论怎么走,均是一组多层次的动态展示序列。

(2)循环程序。对于一些现代景观,为了适应现代生活节奏的需要。多数综合性景观或风景区采用了多向入口,循环道路系统,多景区景点划分分散式游览线路的布局方法,以容纳成千上万游人的活动需求。因此现代综合性景观或风景区系采用主景区领衔,次景区辅佐,多条展示序列。各序列环状沟通,以各自入口为起景,以主景区主景物为构图中心。以综合循环游憩景观为主线以方便游人,满足景观功能需求为主要目的来组织空间序列,已成为现代综合性景观的特点。例如,北京朝阳公园主景区为喷泉广场及相协调的欧式建筑,次景区为原公园内的湖面和一些娱乐设施。北京人定湖公园的次景区为规则式喷泉景点,而主景区为园中大型现代雕塑广场。

(3)专类程序。以专类活动为主的专类景观,其布局有自身的特点。例如,植物园多以植物演化系统组织园景序列,如从低等到高等,从裸子植物到被子植物,从单子叶植物到双子叶植物等。还有不少植物园因地制宜创造自然生态群落景观形成其特色。又如动物园一般从低等动物鱼类、两栖类、爬行类到鸟类、食草、食肉及哺乳动物,国内外珍奇动物乃至灵长类高级动物等,形成完整的景观序列,并创造出以珍奇动物为主的全园构图中心。某些盆景园也有专门的展示序列,如盆栽花卉与树桩盆景、树石盆景、山水盆景、水石盆景、微型盆景和根雕艺术等,这些都为空间展示提出了规定性序列要求,故称其为专类序列。

2. 风景序列创造手法

(1)风景序列的断续起伏。利用地形起伏变化而创造风景序列是风景序列创造中常用的手法,多用于风景区或郊野公园。园林中连续的土山、建筑、林带等,常常用起伏变化来产生景观的节奏。一般风景区山水起伏,游程较远,我们将多种景区景点拉开距离,分区段布置,在游步道的引导下,景序断续发展,游程起伏高下,从而取得引人入胜、步移景异的效果。

(2)风景序列的开与合。风景序列的构成,可以是地形起伏、水系环绕,也可以是植物群落或建筑空间,无论是单一的还是复合的,总应有头有尾,有放有收,这也是创造风景序列常用的手法。展现在人们面前的风景包含了开朗风景和闭锁风景。以水体为例,水之来源为起,水之去处为结。水面扩大或分支为开,水之溪流又为合。

水面的起结、开合体现了水体空间的情趣，为游人创造了丰富的景观。用来龙去脉表现水体空间之活跃，以收放变换而创造水之情趣，这种传统的手法普遍见之于古典园林之中。例如，北京颐和园的后湖，承德避暑山庄的分合水系。

（3）风景序列的主调、基调、配调和转调。再好的景观单独存在，没有其他景物映衬也是不美的。因此，景观一般都包含主景、配景和背景。主景是主调，配景是配调，背景则是基调。基调、配调和转调风景序列是由多种风景要素有机结合，逐步展现出来的，在统一基础上求变化，又在变化之中见统一，这是创造风景序列的重要手法。以植物景观要素为例，作为整体背景或底色的树林可谓基调，作为某序列前景和主景的树种为主调，配合主景的植物为配调，处于空间序列转折区段的过渡树种为转调，过渡到新的空间序列区段时，又可能出现新的基调、主调和配调，如此逐渐展开就形成了风景序列的调子变化，从而产生渐变的观赏效果。

在景观布局中，必须利用配调和基调的烘托作用使主景更加突出，才能显示出景物的个性特征。例如，北京颐和园苏州河两岸，春季的主调为粉红色的海棠花，油松为基调，而丁香花及一些树木叶的嫩红色及其黄绿色为配调。秋季则以槭树的红叶为主调，油松为基调，其他树木为配调。

（4）景观植物的季节变化。植物是景观绿地中具有生命活力的构成要素，随着植物物候的变化，其色彩、形态等表现各异，从而引起景观风景的季相变化。因此，在植物配置时，要充分利用植物物候的变化，通过合理布局，组成富有四季特色的园林艺术景观。设计时可采用分区或分段配置，以突出某一季节的植物景观，形成季相特色，如春花、夏荷、秋色、冬姿等。在主要景区或重点地段，应做到四季有景可赏，在以某一季节景观为主的区域，也应考虑配置其他季节植物，以避免一季过后景色单调或无景可赏。利用植物个体与群落在不同季节的外形与色彩变化，再配以山石水景、建筑道路等，必将出现绚丽多彩的景观效果和展示序列，如扬州个园。

（5）景观建筑群组的动态序列布局。景观建筑在风景园林中只能占1%～2%的面积，但往往是景区的构图中心，起到画龙点睛的作用。由于使用功能和建筑艺术的需要，对建筑群体组合的本身以及对整个景观中的建筑布置，均应有动态序列的安排。对一个建筑群组而言，应该有入口、门厅、过道、次要建筑、主体建筑的序列安排。

对整个景观设计而言，从大门入口区到次要景区，最后到主景区，都有必要将不同功能的建筑群体，有计划地排列在景区序列线上，形成一个既有统一展示层次，又有变化多样的组合形式，以达到应用与造景之间的完美统一。

2.5　场所行为心理设计

景观设计既要注重功能、形式、个性和风格、技术和工程，同时也不能忽视使用者的需要、价值观以及行为习惯。尽管有些设计的功能较合理、设计尺度也不错，整个环境质量看上去很宜人，但是人们在这种设计环境中仍感到不自在、不舒适。我们应该记住，环境设计应从人们的行为出发，因为景观是为大众、使用者而建的。从接受主义理论来看，设计作品作为一种文本,应从使用者的角度来填充和完成,因为只有通过使用者,才能实现设计作品的社会价值。

2.5.1 环境心理学特征

环境心理学是研究环境与人的心理和行为之间关系的一个应用社会心理学领域,又称人类生态学或生态心理学。环境心理学之所以成为社会心理学的一个应用研究领域,是因为社会心理学研究社会环境中的人的行为,而从系统论的观点看,自然环境和社会环境是统一的,二者都对行为产生重要影响。

2.5.2 使用者对环境的基本要求

1. 安全性
安全是人类生存的最基本条件,包括生存条件和生活条件,如土地、空气、水源、适当的气候、地形等因素。这些条件的组合要可以满足人类在生存方面的安全感。

2. 领域性
领域性可以理解为在保证有安全感的前提下,人类从生理和心理上对自己的活动范围要求有一定的领域感,或领域的识别性。领域性确定,人们才有安全感。在住区、建筑等具有场所感的地方,领域性体现为个人或家庭的私密或半私密空间,或者是某个群体的半公共空间。一旦有领域外的因素入侵,领域感受到干扰,领域内的主体就会产生不适或戒备因素。领域性的营造可以通过植被的设计运用来实现。

3. 通达性
无论是远古人们选择居住地还是修建住所,都希望有观察四周的视线和当危险来临时迅速撤离的通道。现在,人们除了有安全舒适的住所外,一般来讲,在没有自然灾害的情况下,人们一样会选择视线开阔,能够和大自然充分接触的场所。即在保证自己的领域性的同时,希望能和外界保持紧密的联系。

4. 对环境的满意度
人们除了心理和生理上的需求外,还有一种难以描述清楚的对环境的满意度。可以理解为周围的树林、草坪、灌木、水体、道路等因素的综合视觉满意程度。人们虽然无法提出详细、具体的要求目标,但对居住地和住所有一个模糊的识别或认可的标准,比如喜欢、不喜欢、厌恶,满意、一般、不满意等。

了解人类的基本空间行为和对周围环境的基本需求,在景观设计时心里就有一个框架或一些原则来指导具体的设计思路和设计方案。

2.5.3 场所空间应用设计

场所空间会对人的行为、性格和心理产生一定的影响,进而会影响到一个民族和国家的气质,同时人的行为也会对环境造成一定的影响,尤其是体现在城市居住区、城市广场、城市公园街道、工厂企业园区、城市商业中心等人工环境的设计和使用上。

场所空间设计应以符合人们行为习惯为准则进行环境设计,这种环境便于管理、能避免可能发生的破坏性行为。

1. 人类在景观中的三种基本活动

扬·盖尔在《交往与空间》一书中,将人们在公共空间中的户外活动分为三种基本类型:必要性活动、自发性活动和社会性活动,每一种活动类型对于物质环境的要求各不相同。

(1)必要性活动。是指人类因为生存需要而必须进行的活动,如上下班、上学放学、购物等,即不同年龄层次的人在不同程度上都要参与的活动。必要性活动的方便及舒适程度,在很大程度上受到周围环境的影响,其最大的特点是基本上不受环境品质的影响,如住宅小区周边配套设施是否完善,就决定了人在进行必要性活动的时候,是否方便、舒适、安全。

(2)自发性活动。是指人们在外部条件适合时(如天气、场所)愿意参与的活动,这一类活动包括散步、锻炼身体、晒太阳等。自发性活动与环境的质量有很密切的关系。

(3)社会性活动。是指人们在公共空间或半公共、半私密空间中与他人进行的公共活动,如聊天、下棋等。社会性活动和环境品质的好坏也有相当大的关系。

以上三种活动类型是人们在建筑外部空间从事的活动方式,同时不同类型的活动对于外部空间的要求也不相同,决定了外部空间环境的设计应有所针对性,满足人们对外部环境设施及空间布局的不同要求。

2. 景观与人类行为的基本需求

当人在相应的室外空间中活动,个体心理与行为虽然彼此间存在着差异,但是从整体来看仍然具有共性,这也就是要对其进行研究的前提和基础。

(1)公共性与人际距离。公共性是人们对空间需求的主要体现,同时也是以人际交往为主体的社会性活动的前提。人的社会性决定了人们之间要进行信息的交流、思想和情感的沟通,这种交往行为大多是在公共空间内进行的。

人际距离是指人们在相互交往活动中,人与人之间所保持的空间距离。主体的心理距离按情感亲疏分四种:①密切距离:0~0.45m,能看清对方的面容的细微变化,能感受到气息,只有存在特殊关系的人,才能使用这个距离,与其他人被迫使用这个距离会感觉不快,处于防守状态。②个人距离:0.45~1.22m,适应于朋友或关系较为密切的人交往的距离。③社会距离:1.22~3.66m 社交的距离。④公众距离:3.66~7.62m,适用发表演讲等。

(2)私密性与安全感。私密性是个人或群体控制自身与他人进行信息交换的时间、方式、程度的需求。私密性可以理解为个人对空间接近程度的选择性控制,人对私密性的选择可以表现为一个人独处,希望按照自己的愿望支配自己的环境,或几个人亲密相处不愿意接受他人的干扰。私密性是人的本能,人们可以在自己的空间中表现自己。同时,私密性也是在人际关系中形成的人际距离,即人与人、人与群体之间保持的空间距离。

安全感是人在社会中的心理需求,是景观设计要满足的最基本的要求,景观设计的安全性在设计上首先体现在对特定领域的从属性,在个人化的空间环境中,人需要能够占有和控制一定的空间领域。只有在满足安全感的前提下,人们在空间生活中才能实现各种行为,如私人庭院需要封闭的围墙设计,由于所需安全性主要属于心理上的界限,所以,大型景观区域中一些小分区的边界处理形式更为自由和多样。

(3)宜人性和从众心理。景观规划设计既要满足经济实用的功能,还要满足人们精神上的需求,即满足人的审美和人们对美好事物热爱的心理需求。所以景观必须是美的、宜人的、令人愉悦的。

设计创作的出发点是对受众求新、求异心理的捕捉。设计具有极强的社会属性,设计活动需要服从社会机制流行的强烈的暗示性和感染性引起的从众行为。

2.6 景观生态设计

各种景观植物在生长发育过程中,对光照、土壤、水分、温度等环境因子都有不同的要求。在进行景观植物配置时,只有满足这些生态要求,才能使植物正常生长和保持稳定,达到设计效果。

2.6.1 生态学的主要内容

生态学一词源于希腊文,原意是房子、住所、生活所在地。德国动物学家海克尔,在1866年首次将生态学定义为:研究有机体与其周围环境——包括非生物环境和生物环境——相互关系的科学。生态学是一个有自己的研究对象、任务和方法的比较完整和独立的学科。

常用的景观生态学是研究在一个相当大的区域内,由许多不同生态系统所组成的整体(即景观)的空间结构、相互作用、协调功能及动态变化的一门生态学新分支。景观生态学给生态学带来新的思想和新的研究方法。它已成为当今北美生态学的前沿学科之一。

工业革命后一段时期人类聚居环境生态问题日益突出,景观生态学于1939年由德国生物地理学家特罗尔提出,是人们在追求解决途径的过程中产生的。他指出景观生态学由地理学的景观和生物学的生态学两者组合而成,是表示支配一个地域不同单元的自然生物综合体的相互关系分析。这使人们对于景观生态的认识上升到了一个新的层次。后来,德国另一位学者布克威德进一步发展了景观生态的思想,他认为景观是个多层次的生活空间,是由陆圈、生物圈组成的相互作用的系统。

美国景观设计之父奥姆斯特德虽然很少著书立说,但他的生态思想、景观美学和关系社会的思想经验却通过他的学生和作品对景观规划设计产生了巨大影响。

第二次世界大战后,工业化和城市化的迅速发展使城市蔓延,生态环境系统遭到破坏。英国设计师伊恩·麦克哈格作为景观设计的重要代言人,和一批城市规划师、景观建筑师开始关注人类的生存环境,并且在景观设计实践中开始了不懈的探索。他的著作 *Design With Nature 1969* 奠定了景观生态学的基础,建立了当时景观设计的准则,标志着景观规划设计专业勇敢地承担起后工业时代重大的人类整体生态环境设计的重任,使景观规划设计在奥姆斯特德奠定的基础上又大大扩展了活动空间。他反对以往土地和城市规划中功能分区的做法,强调土地利用规划应遵从自然固有的价值和自然过程,即土地的适宜性。他的理论关注了某一景观单元内部的生态关系,忽视了水平生态过程,即发生在景观单元之间的生态流。

现代景观规划理论强调水平生态过程与景观格局之间的相互关系,研究多个生态系统之间的空间格局及相互之间的生态系统,并用"斑块—廊道—基质"来分析和改变景观。景观规划以此为基础开始了新的发展。

2.6.2 景观生态要素

景观设计中要设计的要素包括水环境、地形、植被、气候等几个方面。

1. 水环境

水是生物生存必不可少的物质资源。地球上的生物生存繁衍都离不开水资源。同时水资源又是一种能源,在城市内水资源又是景观设计的重要造景素材。一座城市因山而显势,存水而生灵气。水在城市景观设计中具有重要作用,同时还具有净化空气、调节局部小气候的功能。因此,在当今城市发展中,有河流水域的城市都十分关注对滨水地区的开发与保护。临水土地的价值也一涨再涨。人们已经认识到水资源除了对城市的生命力支持外,在城市发展中的重要作用。在中国,对城市河流的改造已经成为共识,但是具体的改造和保护水资源的措施却存在严重的问题。比如对河道进行水泥护堤的建设,却忽视了保持河流两岸原有地貌的生态功效,致使河水无法被净化等问题。

在城市景观设计对水资源的利用方面,美国景观设计学家西蒙兹提出了十个水资源管理原则,在此作为水景营造的借鉴原则。

(1)保护流域、湿地和所有河流水体的堤岸。

(2)将任何形式的污染减至最小,创建一个净化计划。

(3)土地利用分配和发展容量应与合理的水分供应相适应,而不是反其道而行之。

(4)返回地下含水层的水质和量与水利用保持平衡。

(5)限制用水以保持当地淡水存量。

(6)通过自然排水通道引导地表径流,而不是通过人工修建的暴雨排水系统。

(7)利用生态方法设计湿地进行废水处理、消毒和补充地下水。

(8)地下水供应和分配的双重系统,使饮用水和灌溉及工业用水有不同税率。

(9)开拓、恢复和更新被滥用的土地和水域,达到自然、健康状态。

(10)致力于推动水的供给、利用、处理、循环和对补充技术的改进。

2. 地形

大自然的鬼斧神工将地球表面营造了各种各样的地貌形态,平原、丘陵、山地、江河湖海等。人们经过长久地摸索、进化,选择了适合生存居住的盆地、平原、临河高地。在这些既有水源又可以获得食物或可进行种植的地方,繁衍出地域各异的世界文明。

在人类的进化过程中,人们对地形的态度经过了顺应—改造—协调的变化。在这个过程中,人们付出了巨大的代价。现在,人们已经开始在城市建设中关注对地形的研究,尽量减少对原有地貌的改变,维护其原有的生态系统。

在城市化进程迅速加快的今天,城市发展用地略显局促,在保证一定的耕地条件下,条件较差的土地开始被征为城市建设用地。因此,在城市建设时,如何获得最大的社会、经济和生态效益是人们需要思考的问题,尤其是在场地设计时需要考虑。由于场地设计的工程量较大而且烦琐,可以考虑采用 GIS、RS 等新技术进行设计。可以在项目进行之前,对项目的影响做出可视化的分析和决策依据。

3. 植被

植被不但可以涵养水源、保持水土,还具有美化环境、调节气候、净化空气的功效,是景观设计的重要设计素材之一。因此,在城市总体规划中,城市绿地规划是重要的组成部分。通过对城市绿地的安排,以城市公园、居住区游园、街头绿地、街道绿地等,使城市绿地形成系统。城市规划中采用绿地比例作为衡量城市景观状况的指标,一般有城市公共绿地指标、全部城市绿地指标、城市绿化覆盖率。

此外,在具体的景观设计实践时,还应该考虑树形、树种的选择,考虑速生树和慢生树的结合等因素。

4. 气候

一个地区的气候是由其所处的地理位置决定的。一般纬度越高,温度越低,反之则相反。但是,一个地区的气候往往是受很多因素综合作用的结果,如地形地貌、森林植被、水面、大气环流等。因此,城市具有"城市热岛"的现象,而郊区的气温凉爽宜人。

在人类社会的发展中,人们有意识地会在居住地周围种植一定的植被,或者喜欢将住所选择的靠近水域的地方。人类进化的经验对学科的发展起到了促进作用。城市规划、建筑学、景观设计等领域都关注如何利用构筑物、植被、水体来改善局部小气候。具体的做法有以下几种。

(1) 对建筑形式、布局方式进行设计、安排。

(2) 对水体进行引进。

(3) 保护并尽可能扩大原有的绿地和植被面积。

(4) 对住所周围的植被包括树种、位置进行安排,做到四季花不同,一年绿常在。

总之,在景观设计时要充分运用生态学的思想,利用实际地形,降低造价成本,积极利用原有地貌创造良好的居住环境。

📋 学习笔记

第3章 景观构成要素及设计

3.1 景观地形及设计

地形是景观的骨架,是景观艺术展现的重要组成部分。地形要素的利用与改造将影响到景观的形式、建筑布局、植物配植、景观效果、给排水工程、小气候等因素。

3.1.1 景观地形的功能

1. 满足景观的不同功能要求

地形可以利用许多不同的方式创造和限制外部空间,满足景观功能要求,如组织、创造不同空间和地貌形式,以利开展不同的活动,如集体活动、锻炼、表演、登高、划船、戏水等。还可通过假山和置石的形式来控制视线,或者利用凹地地形来控制视线,遮蔽不美观或不希望游人见到的部分,阻挡不良因素的危害及干扰,如狂风、飞沙、尘土、噪声等,并能起到丰富立面轮廓线、扩大园景的作用。例如,颐和园后湖北侧的小山就阻挡了颐和园的北墙,使人有小山北侧还是景观的感觉。

2. 改善种植和建筑的条件

地形的适当改造能创造不同的地貌形式,如水体、山坡地等,适当地改善局部地区的小气候,可以为对生态环境有不同需求的植物创造合适的生长条件。另外,在改造地形的同时也为不同功能和景观效果的建筑创造了建造的地形条件,为一些基础设施,如各种管线的铺设,创造了施工的条件。

3. 解决排水问题

景观绿地应能在暴雨后尽快恢复正常使用,利用地形的合理处理,使积水迅速通过地面排除,还能节约地下排水设施,降低造价。

3.1.2 设计原则

1. 因地制宜,顺其自然

我国造园传统以因地制宜著称,即所谓"自成天然之趣,不烦人事之工"。因地制宜就是要就低挖池、就高堆出,以利用为主,结合造景及使用需求进行适当的改造,这样做还能减少土方工程量,降低景观工程的造价。结合场地的自然地貌进行地形处理,因地制宜,顺其自然,才能给人以自然、亲切感。在考虑经济因素的情况下,可进行"挖湖堆山"或进行推平处理。

2. 合理处理景观绿地内地形与周围环境的关系

景观绿地内地形并不是孤立存在的,无论是山坡地还是平地,景观绿地内外的地形均有整体的连续性,另外,还要注意与环境的协调关系。周围环境封闭,整体空间小,则绿地内不应设起伏过大的地形;周围环境规则严整,则绿地内地形以平坦为主。

3. 满足景观工程技术的要求

设计的地形要符合工程稳定合理的技术要求,只有工程稳定合理,才能保证地形设计的效果持久不变地符合设计意图,并有安全性。景观地形的设计必须符合景观工程的要求。例如,在假山的堆叠中,土山要考虑山体的自然安息角,土山的高度与地质、土壤的关系,山高与坡度的关系,平坦地形的排水问题,开挖水体的深度与河床坡度的关系,景观建筑设置点的基础等工程技术要求。

4. 满足植物种植的要求

在景观中设计不同的地形,才能为不同生态条件下的各种植物提供生长的环境,使景观景色美观、丰富。例如,水体可为水生植物提供生长空间,创造荷塘远香的美景。

5. 土方要尽量平衡

设计的地形最好使土方就地平衡,应根据需要和可能,全面分析,多做方案,进行比较,使土方工程量达到最小限度,这样可降低造价。

3.2 种植设计

一般来说,植物配置要解决两个基本问题,即植物种类的选择和配置方式的确定。在具体配置景观植物时,原则上应围绕这两个基本问题。

3.2.1 种植原则

1. 符合景观绿地的功能要求

在景观植物配置时,首先应从景观绿地的性质和功能来考虑。景观绿地的功能很多,但就某一绿地而言,则有其具体的主要功能。例如,综合性公园从其多种功能出发,应有供集体活动的大草坪,还要有浓荫蔽日、姿态优美的孤植树和色彩艳丽、花香果佳的花灌丛,以及为满足安静休息需要的疏林草地或密林等。总之,景观中的树木花草都要最大限度地满足景观绿地使用和防护功能上的要求。

2. 考虑景观绿地的艺术要求

景观融自然美、建筑美、绘画美、文学美于一体,是以自然美为特征的空间环境艺术。因此,在景观植物配置时,不仅要满足景观绿地实用功能上的要求,取得"绿"的效果,而且应给人以美的享受,按照艺术规律的要求选择植物种类和确定配置方式。

3. 要与景观绿地总体布局形式相一致

景观绿地总体布局形式通常可分为规则式、自然式和混合式。在实际工作中,配置方式如何确定,要从实际出发、因地制宜、合理布局,强调整体协调一致,并要注意过渡。

3.2.2　乔、灌木的种植设计

在整个景观植物中,乔、灌木是主体材料,在城市的绿化中起骨架支柱作用。乔、灌木具有较长的寿命、独特的观赏价值、经济生产作用和卫生防护功能。又由于乔、灌木的种类多样,既可单独栽植,又可与其他材料配合组成丰富多变的景观景色,因此,在景观绿地所占比重较大,一般占整个种植面积的一半左右。

景观植物乔、灌木的种植类型通常有孤植、对植、列植、丛植、群植、林植等几种。

1. 孤植

孤植是指单一树种的孤立种植类型,在特定的条件下,也可以是两三株,紧密栽植,株距不超过1.5m,组成一个单元的种植形式。孤植树下不得配置灌木。

(1) 作用。蔽荫和观赏(图3-1)。要求有较大的树冠,生长速度较快,姿态优美,如雪松、黄山松、金钱松、香樟、榕树、垂柳、樱花、梅花、桂花、银杏、合欢、枫香、七叶树等。但在具体选择上应充分考虑当地的土地条件和具体要求。

图 3-1　孤植

(2) 位置。要求比较开阔,一方面,为了保证树冠有足够的生长空间,反映植物个体充分生长发育的景观;另一方面,作为局部构图主景的孤植树,应安排合适的观赏视距和观赏点,使人们有足够的活动场地和适宜的观赏位置,如道路广场边缘、广场中央、草坪中央或边缘、水体边缘、休息设施旁边等。

(3) 布局(构图)。可做主景、配景、诱导树。在进行种植设计时,若设计范围内有成年大树,应充分利用为孤植树;若为年代很久的古树名木,应严加保护,使景观布局与其有机结合,为景观增添古朴的气氛。并且这种因地制宜、巧于因借的设计手法可大大提高预期设计的景观效果。如果没有可供利用的成年大树,则可考虑进行适度的大树移植,以期尽早达到设计效果。

2．对植

对植是指两株或两丛树按照一定的轴线关系做相互对应、成均衡状态的种植方式。依形式的不同，分对称种植与不对称种植两种。对称种植常用在规则式构图中，是用两株同种同龄的树木对称栽植在入口两旁，体形姿态均没有太大差异，构图中距轴线的距离也需相等。多选用树冠形状比较整齐的树种，如榕树、雪松等，或者选用可进行整形修剪的树种进行人工造型，以便从形体上取得规整对称的效果。而非对称栽植多用在自然式构图中。在自然式种植中，对植是不对称的，但左右必须是均衡的。运用不对称均衡的原理，轴线两边的树木在体形、大小、色彩上有差异，但在轴线时两边须取得均衡。非对称栽植形式对树种的要求较为宽松，数量上不必一定是两株。

（1）作用。主要用于强调公园、建筑、道路、广场的入口，用作入口栽植和诱导栽植。

（2）位置。常栽植在出入口两侧、桥头、台阶蹬道旁、建筑入口旁等处。

（3）布局（构图）。在景观构图中始终作为配景，起陪衬和烘托主景的作用，如利用树木分枝状态或适当加以培育，形成相依或交冠的景框，构成框景。

3．列植

列植是指沿直线或曲线以等距离或在一定变化规律下栽植树木的形式。列植在设计形式上有单纯列植和混合列植。单纯列植是用同一种树种进行有规律地种植设计，具有强烈的统一感和方向性，可用于自然式，也可用于规则式。混合列植是用两种或两种以上的树木进行有规律地种植设计，具有高低层次和韵律变化，其形式变化也更多一些。混合列植因树种的不同，产生色彩、形态、季相等变化，从而丰富植物景观。树种宜选择树冠体形比较整齐的树种，如树冠为圆形、卵圆形、椭圆形、圆锥形等。列植多运用于规则式种植环境中，如道路、建筑、矩形广场、水池等附近。

4．丛植

丛植通常是指由两株到十几株同种或异种，乔木或乔、灌木组合种植而成的种植类型，也叫丛植（图 3-2）。丛植通常是由乔木、灌木混合配置，有时也可与山石、花卉相组合。主要反映自然界植物小规模群体植物的形象美。

图 3-2　丛植

（1）作用。可用作蔽荫和诱导种植。

（2）位置。其布置的地点适应性较孤植树强。选择作为组成树丛的单株树木的条件与孤植树相似，应挑选在树姿、色彩、芳香、季相等方面有特殊价值的树木。

（3）布局（构图）。树丛可作局部主景，也可作配景、障景、隔景或背景。

（4）丛植基本形式及组合有两株、三株、四株、五株、六株以上配植等。

① 两株配植。构图按矛盾统一原理，两树相配，必须既调和又对比，二者成为对立统一体。故两树首先须有通相，即采用同一树种（或外形十分相似的不同树种）才能使两者统一起来；但又须有殊相，即在姿态和体型大小上，两树应有差异，才能有对比而生动活泼。在此必须指出：两株树的距离应小于小树树冠直径长度。否则，便觉松弛而有分离之感，东西分处，不成其为树丛了。

② 三株配植。三株树组成的树丛，树种的搭配不宜超过两种，最好是同为乔木或同为灌木，如果是单纯树丛，树木的大小、姿态要有对比和差异，如果是混交树丛，则单株应避免选择最大或最小的树形，栽植时三株忌在一直线上，也忌呈等边三角形。三株中最大的和最小的要靠近些，在动势上要有呼应，三株树呈不等边三角形。在选择树种时要避免体量差异太悬殊、姿态对比太强烈而造成构图的不统一。

③ 四株配植。四株的配合可以是单一树种，可以是两种不同树种。如是同一树种，各株树的要求在体形、姿态上有所不同，如是两种不同树种，最好选择外形相似的不同树种，但外形相差不能很大，否则就难以协调。四株配合的平面可有两个类型：一为外形不等边四边形；二为不等边三角形，成3∶1的组合，而四株中最大的一株必须在三角形一组内。四株配植中，其中不能有任何3株成一直线排列。

④ 五株配植。五株树丛的配植可以分为两组形式，这两组的数量可以是3∶2，也可以是4∶1。在3∶2配植中，要注意最大的1株必须在3株的一组中；在4∶1配植中，要注意单独的一组不能是最大的也不能最小。两组的距离不能太远，树种的选择可以是同一树种，也可以是2种或3种不同树种，如果是两种树种，则一种树为3株，另一种树为2株，而且在体形、大小上要有差异，不能一种树为1株，另一种树为4株，这样易失去均衡。在栽植方法上可分为不等边的三角形、四边形、五边形。在具体布置上，可以常绿树组成稳定树丛，常绿和落叶树组成半稳定树丛，落叶树组成不稳定树丛。在3∶2或4∶1的配植中，同一树种不能全放在一组中，这样不易呼应，没有变化，容易产生两个树丛的感觉。

⑤ 六株以上配植。六株树木的配合，一般是由2株、3株、4株、5株等基本形式，交相搭配而成的。例如，2株与4株，则成6株的组合；5株与2株相搭，则为7株的组合，都构成6株以上树丛。它们均是几个基本形式的复合体。因此，株数虽增多，仍有规律可循。只要基本形式掌握好，7株、8株、9株乃至更多株树木的配合，均可类推。其关键在于调和中有对比，差异中有稳定，株数太多时，树种可增加，但必须注意外形不能差异太大。一般来说，树丛总株数在7株以下时树种不宜超过3种，15株以下不宜超过5种。

5. 群植

群植是指20株以上同种或异种乔木或乔、灌木组合成群栽植的种植类型。

（1）作用。蔽荫，组织空间层次，划分区域，隔离、屏障。

（2）位置。通常布置在有足够观赏视距的开阔场地上，如靠近林缘的大草坪、宽阔的林中空地、水中的小岛屿上,宽广水面的水滨以及山坡、丘陵坡地等。作为主景的树群,其主要立面的前方,至少在树群高度的 4 倍、树群宽度的 4.5 倍距离内,要留出空地,以便游人观赏。群植常设于草坪上、道路交叉处。此外,在池畔、岛上均可设置。

（3）布局（构图）。常作主景、配景、障景、夹景,形成闭锁空间。它所表现的是群体美,具有"成林"的效果。可作规则式或自然式配植。规则式群植一般进行分层配植,前不掩后;自然式群植模仿自然生态群落。

6. 林植

林植是指成片、成块大量栽植乔、灌木,构成林地和森林景观的种植形式。若长短轴之比远远大于 3∶1,则称为带植,也称树林。在布置时需注重整体效果、节奏和韵律、季相变化,内部种植不能成排成列。

（1）作用。在景观绿地中起防护、分隔、蔽荫、背景或组景等作用。

（2）位置。多用于大面积公园的安静休息区、园边地带、风景游览区或休、疗养区及卫生防护林带等。

（3）布局（构图）。常用作背景。

3.3　水体设计

水是景观的灵魂,是中国古典园林设计中重要的构景要素,在中国古典园林中可以说无水不园,并且有相当一部分作为主景。水景透迤婉转、妩媚动人、别有情调,能产生很多生动活泼的景观,如产生倒影使一景变两景,低头可见云天打破了空间的闭锁感,有扩大空间的效果。有了水,景观就更添活泼的生机,也更增加波光粼粼、水影摇曳的形声之美。较大的水面往往是城市河湖水系的一部分,可以用来开展水上活动,蓄洪排涝,提高空气湿度,调节小气候,此外还可以用于灌溉、消防。从景观艺术上讲,水体与山体还形成了方向与虚实的对比,构成了开朗的空间和较长的风景透视线。

在景观诸要素中,水与山、石的关系最密切,中国传统景观的基本形式就是山水园。"一池三山""山水相依""水因山转、山因水活"等都是中国山水园的基本规律。大到颐和园的昆明湖,以万寿山相依,小到网师园的彩霞池,也必有岩石相衬托,所谓"清泉石上流"也是由于山水相依而成景的。

3.3.1　水体水景的类型

1. 按水的形式分

（1）自然式水体水景。自然式水体的外形轮廓由无规律的曲线组成。景观中自然式水体主要是对原有水体的改造,或者进行人工再造而形成,保持天然的或模仿天然形状的水体形式,如溪、涧、河、池、潭、湖、涌泉、瀑布、叠水、壁泉。

（2）规则式水体水景。规则式水体是人工开凿成的几何形状的水体形式。此类水体的外形轮廓为有规律的直线或曲线闭合而成几何形,大多采用圆形、方形、矩形、椭圆形、梅花形、半圆形或其他组合类型,线条轮廓简单,多以水池的形式出现,如水渠、运河、几何形水池、喷泉、瀑布、叠水、水阶梯、壁泉。

(3)混合式水体水景。混合式水体水景是规则式水体与自然水体有机结合的一种水体类型,富有变化,具有比规则式水体更灵活自由,又比自然式水体易于与建筑空间环境相协调的优点,是规则与自然的综合运用。

2. 按水的形态分

(1)静水。静水是指水不流动、相对平静状态的水体(图3-3),通常可以在湖泊、池塘或是流动缓慢的河流中见到。具有宁静、平和的特征,给人舒适、安详的景观视觉。平静的水面犹如一面镜子,水面反射的粼粼波光可以引发观者有发现般的激动和快乐。静态水体还能反映出周围物象的倒影,丰富景观层次,扩大了景观的视觉空间,如湖、池、沼、潭、井。

(2)动水。水体以急流跌落,其动态效果是溢漫、水花、水雾,给人以活跃的气氛和充满生机的视觉效果(图3-4)。流动的水可以使环境呈现出活跃的气氛和充满生机的景象,有景观视觉焦点的作用。除了可以观赏,还可以给人以听觉上的享受,如无锡寄啸山庄的"八音涧"。平时所见的动水如河、溪、渠、瀑布、喷泉、涌泉、水阶梯等。

图 3-3 静水

图 3-4 动水

3. 按水的面积分

按水的面积可分为大水面(可开展水上活动、种植水生植物)和小水面(纯观赏)。

3.3.2 常见的水体设计

1. 湖、池

湖在景观绿地中往往应用也比较广泛,在构图上起主要作用,景观中的静态湖面,多设置堤、岛、桥等,目的是划分水面,增加水面的层次与景深,或者是为了增添景观的景致与活动空间。池的形态种类众多,深浅和池壁、池底材料也各不相同。按其形态可分为规则严谨的几何式和自由活泼的自然式;还有运用节奏韵律的错位式、半岛式与岛式、错落式、池中池、多边形组合式、圆形组合式等。更有在池底或池壁运用嵌画、隐雕、水下彩灯等手法,使水景在工程配合下,在白天和夜间得到更奇妙的景象。

湖、池除本身外形轮廓的设计外,与环境的有机结合也是湖、池设计的一个重点,主要表现在获取水中倒影、水面波光粼粼。利用湖、池水面的倒影做借景,丰富景物层次,扩大视觉空间,增强空间韵味,使人思绪无限,产生一种朦胧的美感。

2. 河流

在景观绿地中水量较大时,可以采用河流的造景手法,一方面可以使水动起来,另一方面又可以造景,同时又能起到划分空间的作用。在景观中组织河流,平面不宜过分弯曲,但河床应有宽有窄,以形成空间上开合的变化。河岸随山势应有缓有陡。两岸的风景,应有意识地安排一些对景、夹景等,使景观更加丰富多样。

3. 溪涧

在景观中,泉水由山上集水而下,通过山体断口夹在两山间的水流为涧,山间浅流为溪。一般习惯上"溪""涧"通用,常以水流平缓者为溪,湍急者为涧。景观中可在山坡地适当之处设置溪涧,溪涧的平面应蜿蜒曲折,有分有合,有收有放,构成大小不同的水面或宽窄各异的水流。通常在狭长形的景观用地中,一般采用该理水方式,如北京颐和园的玉琴峡。

4. 瀑布

从河床横断面陡坡或悬崖处倾斜而下的水为瀑布,是根据水势高差形成的一种动态水景观,其承载物的势态决定了瀑布的气势,有的气势雄伟、有的小巧玲珑,一般瀑布落水形式主要可分为直落、叠落、散落三种形式。

(1) 直落式。水不间断地从一个高度落到另一个高度。

(2) 叠落式。水分层落下,一般分为3~5个不同的层次,每层稍有错落。

(3) 散落式。水随山坡落下,常被山石将布身撕破,成为各种大小高低不等的分散形式,其水势并不汹涌,级级下流。

人工景观中,在经济条件和地貌条件许可的情况下,可以模仿天然瀑布的意境,创造人工小瀑布。通常的做法是将石山叠高,山上设池做水源,池边开设落水口,水从落水口流出,形成瀑布,山下设水潭及下流水体。

5. 喷泉

喷泉是指地下水向地面上涌出,泉流速大,涌出时高于地面或水面,是水体造景的重要手法之一。喷泉是以其喷射优美的水形取胜,整体景观效果取决于喷头嘴形及喷头的平面组合形式。现代喷泉的造型多种多样,有球形、蒲公英形、涌泉形、扇形、莲花形、牵牛花形、直流水柱形等。除普通喷泉外,由于光、电、声波及自控装置已在喷泉上广泛应用,还有音乐喷泉、间歇喷泉、激光喷泉等。另外,很多地方将传统的喷水池移至地下,保持表面的完整,做成一种"旱地喷泉",喷水时,可欣赏变幻的水姿,不喷水时则可当作集散广场使用(图3-5)。

6. 岛、半岛

四面环水的水中陆地称岛。岛可以划分水面空间,增加水中的观赏内容及水面层次,抑制视线,避免湖岸风光一览无余。还可引发游人的探求兴趣,吸引游人游览。岛又是一个眺望湖周边景色的重要地点。

岛可分为山岛、平岛、池岛。

（1）山岛突出水面，与水形成方向上的对比，在岛上安排适当建筑、植树，常成为全园的主景或眺望点，如北京北海公园的琼华岛。

（2）平岛似天然的沙舟，岸线平缓地深入水中，给人以舒适及与水亲近之感。岛上亦可建筑、植树，但树应耐水湿，建筑最好临水而建。

（3）池岛即湖中有岛，岛中有湖，在面积上壮大了声势，在景色上丰富了变化，具有独特的效果，但最好用于大水面中。例如，杭州西湖的"三潭印月"，一面连接陆地，三面临水的陆地为半岛，半岛可看作湖岸的一种变化，也能增加水面层次，丰富水中景致。岛上也可设亭，供点景、观景用。

7. 驳岸

景观中的水面应有稳定的湖岸线即驳岸，维持地面和水面的固定关系（图3-6）。同时驳岸也是园景的组成部分，必须在经济、实用的前提下注意美观，使之与周围的景观协调。

图3-5　旱地喷泉

图3-6　驳岸

3.4　地面铺装设计

铺装景观的设计主要是在平面上进行的，色彩、构图和质感的处理是道路铺装设计的主要因素。

3.4.1　铺装设计原则

景观设计在园路面层设计上形成了特有的风格，铺装的基本原则如下。

1. 色彩

地面铺装的色彩一般是衬托景观的背景，地面铺装色彩应稳重而不沉闷，鲜明而不俗气，色彩必须与环境统一。

2. 质感

地面铺装的美,在很大程度上要依靠材料质感的美。质感的表现应尽量发挥材料本身所固有的美,质感与环境有着密切的联系,质感的变化要与色彩变化均衡相称。除了要与环境、空间相协调外,还要适用于自由曲折的线型铺砌,这是施工简易的关键;表面要粗细适度,粗要可行儿童车,走高跟鞋;细不致雨天滑倒跌伤。使用不同材质的块料拼砌,如色彩、质感、形状等,对比要强烈。

3. 图案纹样

铺装的形态图案是通过平面构成要素的点、线、面得以表现的。纹样能够起到装饰路面的作用,表达一般铺装所不能表达的艺术效果。同一空间、同一走向的园路,用一种式样的铺装较好。同一种类型铺装内,可用不同大小、材质和拼装方式的块料来组成。例如,主要干道、交通性强的地方,要牢固、平坦、防滑、耐磨,线条简洁大方,便于施工和管理。这样几个不同地方不同的铺砌,达到统一中求变化的目的。实际上,这是以园路的铺装来表达园路的不同性质、用途和区域。

公共空间地面的铺装设计以及地面上的一切建筑小品的设计都非常重要。地面不仅为人们提供活动的场地,而且对空间的构成有很大作用。它可以有助于限定空间、标志空间、增强识别性;可以通过底面处理给人以尺度感,通过图案将地面上的人、树、设施与建筑联系起来,以构成整体的美感;也可以通过地面的处理来使室内外空间与实体相互渗透。

对地面铺装的图案处理可以分为以下几种。

(1)规范图案简单反复。采用某一标准图案,重复使用,这种方法有时可取得一定的艺术效果。其中方格网式的图案是最简单的形式,这种铺装设计虽然施工方便,造价较低,但在面积较大的场地中使用亦会产生单调感。这时可适当插入其他图案或用小的重复图案再组织起较大的图案,使铺装图案较丰富些。

(2)整体图案设计。把整个地面作为一个整体来进行整体性图案设计,在公共空间中,将铺装设计成一个大的整体图案,将取得较佳的艺术效果。

(3)边界处理。边缘的铺装空间的边界处理是很重要的。在设计中,公共空间与其他地界如人行道的交界处,应有较明显区分,这样可使空间更为完整,人们也对空间场内图案产生认同感;反之,如边缘不清,尤其是公共空间与道路相邻时,将会给人产生到底是道路还是公共空间的混乱与模糊感。

(4)铺装图案的多样化。人的审美快感,来自对某种介于乏味和杂乱之间的图案的欣赏,单调的图案难以吸引人们的注意力,过于复杂的图案则会使人的知觉系统负荷过重。因而地面铺装图案应多样化一些,给人以更大的美感。同时过多的图案变化也是不可取的,会使人眼花缭乱而产生视觉疲倦,降低了注意力与兴趣。最后,合理选择和组织铺装材料也是保证公共空间地面效果的主要因素之一。

中国自古对园路面层的铺装很讲究,园路铺装是园景的一部分,应根据景的需要进行设计,路面或朴素、粗犷,或舒展、自然、古拙、端庄,或明快、活泼、生动。园路以不同的纹样、质感、尺度、色彩及不同的风格和时代要求来装饰景观(图 3-7)。

（a）　　　　　　　　　　　　　　　（b）

图 3-7　园路铺装

4. 尺度

铺装砌块的大小、砌缝的设计、色彩和质感等都与场地的尺度有密切的关系。一般情况下，大场地的质感可以粗一些，纹样不宜过细；而小场地的质感不宜过粗，纹样也可以细一些。块料的大小、形状，要与路面宽度相协调。

3.4.2　铺装设计的作用

地面铺装的作用主要有以下三点。

（1）丰富景观。铺装材料的功能作用和构图作用、实用功能、美学功能，与其他设计要素配合使用。

（2）引导游览。提供方向性，铺成某种线型时，它便能指明前进的方向，将行人或车辆吸引在其"轨道上"，来引导如何从一个目标移向另一个目标。

（3）识别方向。铺装引导人们穿越空间系列。当人离开一种特定的铺装，踏上另一种不同材料的铺装时，就意味着进入一条新的路线。

3.5　景观建筑与小品设计

景观建筑既有使用功能，又是景观的重要组成内容，往往具有画龙点睛的作用，所以，景观建筑的布局与选址是景观整体构图的重点。

3.5.1　景观建筑

1. 景观建筑的使用功能

（1）服务建筑：为游人提供一定的服务。

（2）专用建筑：如展览馆，展览专用。

（3）休息建筑：为游人提供休息的场所。例如，亭子既可以是纳凉、避雨的场所，也可以是临时休息、观赏的场所。

2．景观建筑的造景作用

（1）点景：点缀风景，一般为画面重点或主题。很多景观中一些重要的建筑常作为一定范围甚至整座景观的构景中心，如颐和园佛香阁（图3-8）。

（2）观景：观赏景物的场所，其位置、朝向、封闭或开敞处理取决于环境，建筑布局以赏景取得最佳风景为原则。门窗门洞可以起到"框景""漏景"的作用。

（3）划分空间：分隔空间，明确区域功能（图3-9）。

（4）组织游览路线：道路结合建筑，利用建筑引导。

图 3-8　佛香阁作为构景中心　　　　　图 3-9　景观建筑划分空间

3.5.2　景观小品

1．景观小品的使用功能

（1）服务小品：如灯柱、垃圾箱，具有服务功能。

（2）休息小品：如圆桌、圆凳，提供休息功能。

（3）管理小品：如围墙、栏杆，具有安全防护作用。

（4）宣传小品：如宣传廊、标志牌，宣传科普教育。

2．景观小品的造景作用

（1）组景：组织景观，分隔空间，如景墙（图3-10）。

（2）服务功能：灯柱、垃圾箱等。

（3）烘托主景：作配景烘托主景（建筑）（图3-11）。

（4）作为主景：园桥、雕塑（局部景观主景）（图3-12）。

（5）装饰作用：装饰性强、增强空间感染力（图3-13）。

图 3-10　组景作用

图 3-11　烘托主景

图 3-12　作为主景

图 3-13　装饰作用

3.6　园路组织设计

园路是景观的脉络,是联络各景区、景点的纽带,是构成园景的重要因素。它有组织交通、引导游览、划分空间、构成景色、为水电工程创造条件、方便管理等作用。

3.6.1　园路的分类

园路按性质功能分为主路、次路、小路。按路面铺装形式分为整体铺装、块状铺装、灰渣铺装。园路分类特点见表 3-1。

表 3-1　园路分类及各自特点

分类	宽度/m	材　　料	用　　途
主路	4～6	沥青柏油路、混凝土路、沥青砂混凝土路	联系各景区、主要景点;导游、组织交通

分类	宽度/m	材　料	用　途
次路	2～4	水泥预制块路、砖路、砖石、拼花路、条石路、石板路、块石冰纹路、卵石路、嵌草路	联系景区内各景点,导游,构成园景
小路	1.2～2	沙石路(块石、卵石、沙石)、双渣及三渣路(石灰渣、矿渣、煤渣)	深入游园角落,导游,散步休息

3.6.2　园路的设计

1. 功能

园路应能够比较明显方便地引导游人到达主要观赏点,应联系出入口和组织各个功能分区、风景点及主要建筑。

2. 园路的布置

主路应成环、道路系统成网。除部分风景区外,主路上不能有台阶,次路也切忌单台阶。道路系统的网眼应有大有小。小路应能引导游人深入园内各个偏僻、宁静的角落,以提高公园面积的使用效率,园路应与山坡、水体、植物、建筑物、广场及其他设施结合,形成完整的风景构图,创造连续展示的园林景观空间。

3. 符合行为规律

园路的转折、衔接要通顺,符合自然规则及游人的行为规律。

路面上均宜有一定的弯曲度,立面上宜有高低起伏变化。要注意园路的弯曲是由于功能上的要求和风景透视的考虑,道路可顺其自然、随地形起伏而起伏,但道路的迂回曲折须有度,不可为曲折而曲折,矫揉造作,让游人走冤枉路。

4. 园路交叉口的处理

园路交叉有正交和斜交两种形式。在交叉口处理时必须注意以下情况。

(1) 避免多条道路交叉于一点。要使游人沿路能欣赏到主要园景和建筑,给人以深刻的印象,让游人有较强的方向感。

(2) 两条道路成锐角斜交时,锐角不宜过小,并使两条道路的中心线交于一点上,对顶角最好相等,以求美观。

(3) 两园路成丁字形相交时,交点处可设道路对景。

(4) 道路正交时,应在端头处适当地扩大成小广场(图3-14),这样有利于交通,可以避免游人过于拥挤。

3.6.3　园桥、台阶、汀步

1. 园桥

园桥是跨越水面或山涧的园路。景观绿地中的桥梁不仅可以连通水两岸的交通,组织导游,还可以分隔水面,增加水面层次,提高水面的景观效果,甚至自成一景,成为水中的观赏之景(图 3-15)。因此,园桥的选择和造型往往直接影响景观布局的艺术效果。

(1)园桥的分类。按建筑材料可分为石桥、木桥、铁桥、钢筋混凝土桥、竹桥;按结构可分为拱桥、梁式桥、浮桥三类;按建筑形式可分为平桥、拱桥、点式桥、亭桥、廊桥、吊桥、铁索桥。

(2)园桥的设置要点。园桥在设置时最好选在水面最窄处,桥身与岸线应垂直。桥的设计要保证游人过水通行和游船通航的安全。一般大水面下方要过船或欲让桥成为水中一景的多选拱桥,小水面多选平桥,欲引导游览、组织游览视线或丰富水中观赏内容的多选曲桥。水位不稳定的可设浮桥。园桥材料的选择应与周围的建筑材料协调。

图 3-14　十字路口设小广场

图 3-15　园桥

2. 台阶

台阶是一种特殊的道路形式,是为解决景观地形高差而设置的。它除了具有使用功能外,由于其富有节奏的外形轮廓,还具有一定的美化装饰作用,构成景观小景。台阶常附设于建筑入口、水边、陡峭狭窄的山上等地,与花台、栏杆、水池、挡土墙、山体、雕塑等形成动人的景观美景。台阶设计应结合实际。舒适的台阶尺寸为踏面宽 30～38cm、高 10～17cm。

3. 汀步

汀步是园桥的特殊形式,也可看作点式(墩)园桥(图 3-15)。浅水中按一定间距布设块石,微露水面,使人跨步而过。景观中运用这种古老渡水设施,质朴自然,别有情趣。汀步在中国古典园林中,常以零散的叠石点缀于窄而浅的水面上,使人易于蹑步而行。汀步多选石块较大,外形不整而上表面比较平的山石,散置于水浅处,石与石之间高低参差,疏密相间,取自然之态,既便于临水,又能使池岸形象富于变化,长度以短曲为美,此为形。石体大部分浸于水中,而露水面少许部分,又因水故,苔痕点点,自然本色尽显。

 学习笔记

第 4 章 景观设计的原则、方法与程序

4.1 景观设计基本原则

景观规划设计是一门综合性很强的环境艺术,涉及建筑学、城市规划、景观生态学、社会学、心理学、环境科学和艺术等众多学科。既是多学科的综合应用,也是综合性的创造过程,既要做到科学合理,又要讲究艺术效果,同时还要符合人们的行为习惯,要以人为核心,在尊重人的基础上,关怀人、服务于人。因此,景观规划设计时应遵循以下原则。

1. 科学性原则

科学性就是要做到因地制宜,因时而化,表现为遵循自然性、地域性、多样性、指示性、时间性、经济性,师法自然,结合功能进行设计,园林景观的营造做到"虽由人作,宛自天开"。借鉴当代科学思维模式,充分利用相关学科领域的技术、理论和方法,创作具有时代特征的、宜人的、可持续的园林景观(图 4-1)。

2. 地域性原则

地域环境和传统文化元素是景观设计中不可或缺的元素,景观设计离不开传统文化的根基,规划设计时要充分考虑规划地段的自然地域特征和社会文化地域特征,注重尊重、保留地域文化与地域文化的再利用。应把反映某种人文内涵、象征某种精神内涵的设计要素进行科学合理地布局,使不断演变的历史文化脉络在园林景观中得到充分体现(图 4-2)。

图 4-1　某生态园景观设计　　　　　　　　图 4-2　西安大明宫遗址公园

自然环境是人类赖以生存和发展的基础,其地形地貌、河流湖泊、绿化植被等要素构成城市的宝贵景观资源,尊重并强化自然景观特征,使人工环境与自然环境和谐共处,有

助于地域景观特色的创造(图 4-3 和图 4-4)。

图 4-3 植被呈现的地域景观

图 4-4 尊重并加以强化的地域景观

3. 艺术性原则

艺术与其他意识形态的区别在于它的审美价值,规划设计必须遵循艺术规律,设计内容和形式必须协调。设计师通过艺术创作来表现和传达自己的审美感受和艺术观念,把人居环境装扮得更加完美,把美传达给人们。欣赏者通过欣赏来获得美感,提高审美情趣,陶冶审美情操,充分体现景观艺术的教育、感化和愉悦功能(图 4-5 和图 4-6)。

图 4-5 某生态园花草种植艺术

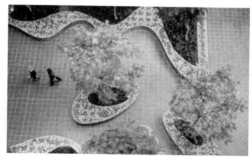

图 4-6 花池、树池的艺术设计

4. 人性化原则

人是城市空间的主体,任何空间环境设计都应以人的需求为出发点,体现出对人的关怀。真正的现代景观设计是人与自然、人与文化的和谐统一,它包含人和人之间的关系,人和自然的关系以及人和土地的关系。人有基本的生理层次需求和更高的心理层次需求。设计时应根据婴幼儿、青少年、成年人、老年人、残疾人的行为心理特点、文化层次和喜好等自然特征,来划分功能分区,创造出满足其各自需要的空间,如运动场地、交往空间、无障碍通道等(图 4-7 至图 4-9)。在设计细节的要求上更为突出,如踏步、栏杆、扶手、坡道、座椅的尺度和材质的选择必须满足人的生理层次需求。近年来,无障碍设计在国际上被广泛应用,如广场、公园等的入口处设置供残疾人和盲人使用的坡道。

5. 生态性原则

景观规划设计是在保护的前提下,对开发资源的合理利用。这样才能保证景观的可持续发展。生态设计是直接关系环境景观质量的非常重要的一个方面,是创造良好、高质、安全景观环境的有效途径。尊重地域的自然地理特征、节约和保护资源都是生态设计的体现。人居环境最根本的要求是生态结构健全,适宜于人类的生存和可持续发展。景观规划设计首先应着眼于满足生态平衡的要求,为营造良好的生态系统服务。其次要尊重物种的多样性,减少对自然资源的掠夺,保持土壤营养和水循环,维持植物生境和动物栖息地的质量,把这些融汇到景观设计的每一个环节,才能达到生态的最大化,才能给人类提供一个健康、绿色、环保、可持续发展的家园(图 4-10)。

图 4-7　某城市空间的人性化设计

图 4-8　涉水池的人性化设计

图 4-9　台阶与坡道的人性化设计

图 4-10　某高档住区环境的生态化设计

6. 整体性原则

城市的美体现在整体的和谐与统一之中。古人云"倾国宜通体,谁来独赏梅"。说明了整体美的重要性。景观艺术是一种群体关系的艺术,其中的任何一个要素都只是整体环境的一部分,只有相互协调配合才能形成一个统一的整体。

7. 实用性原则

景观规划设计的实用性主要体现在公共环境设施的设计要美观实用。对于户外环境中的景观而言,由于气候、地理条件的变化,以及日晒雨淋、风吹雨打,随着时间的推移,一些公共设施容易风化与自然损坏,这就需正确、合理、科学地选用材料,并注意材料的性能、考虑零部件的简化、材料来源的便捷、组合方式的合理与更换零件的方便等环节。材料选定后,还要考虑施工技术问题,要选择与材料相适应的适当的、有效的、方便的技术加工工艺。景观设计还要考虑与所处环境的协调,与使用者及其生存、活动空间的协调。不同等级的设计选用不同档次的材料,使环境美化、方便舒适的同时,以成本的优势获得人们的认同(图4-11)。

图 4-11　美观实用的公共环境设施的设计

8. 便利性原则

景观设计的便利性主要体现在对道路交通的组织,公共服务设施的配套服务和服务方式的方便程度。同时在绿化空间、街道空间、休息空间最大限度地满足功能所需的基础上,还要考虑公共服务设施为使用者的生活所提供的方便程度,所以要根据使用者的生活习惯、活动特点采用合理的分级结构和宜人的尺度,使小空间内的公共服务半径最短,使用者来往的活动路线最顺畅,并且利于经营管理,这样才能创造出良好的、方便的景观环境。

9. 创新性原则

创新设计是在满足人性化和生态设计的基础上对设计者提出的更高要求,它需要设计者开拓思维,不拘于现有的景观形式,规划设计时遵循自然规律的同时,敢于表达自己的设计语言和个性特色,这就要求景观设计者具有独特、灵活、敏感、发散的创新思维,从新的形式、新的方向、新的角度来处理景观的空间、形态、形式、色彩等问题,给人带来崭新的思考和设计观点,从而使景观设计呈现多元化的创新局面,创造出具有地方特色的个性鲜明的景观环境(图4-12和图4-13)。

图 4-12　法国绿屋顶中学景观

图 4-13　森林别墅

4.2 景观设计方法

4.2.1 主景与配景

1. 主景与配景的含义

景观中有主景与配景之分。主景在景观绿地中起控制与核心作用。一般一个景观由若干个景区组成,每个景区都有各自的主景,但各景区中,有主景区与次景区之分,而位于主景区中的主景是景观中的主题和重点;配景起衬托作用。主景必须要突出,配景必不可少,但配景不能喧宾夺主,要能够对主景起到"烘云托月"的作用。

2. 突出主景的方法

常用的突出主景的方法有以下几种。

(1)主景升高或降低。为了使构图主题鲜明,常把主景在高程上加以突出。主体升高,可产生仰视观赏效果,并可以蓝天、远山为背景,使主体的造型轮廓突出鲜明,不受或少受其他环境因素的影响(图4-14)。

(2)运用轴线和风景视线的焦点。放在视线的焦点上,突出主景。一条轴线的端点或几条轴线的交点常有较强的表现力,故常把主景布置在轴线的端点或几条轴线的交点上(图4-15)。

(3)中轴对称。在规则式景观和景观建筑布局中,常把主景放在总体布局中轴线的终点,而在主体建筑两侧,配置一对或一对以上的配体。

(4)构图重心法。把主景置于景观空间的几何中心或相对重心部位,使全局规划稳定适中。规则式景观绿地将主景布置在几何中心上,自然式景观绿地将主景布置在构图的重心上,也能将主景突出。

图4-14 天坛祈年殿主景升高

图4-15 放置于焦点处的主景

(5)动势集中。四周环抱的空间,形成动势,趋向一个视线的焦点上。一般周围环抱的空间,如水面、广场、庭院等,其周围景物往往具有向心的动势,主景如布置在动势集中的焦点上就能得到突出,也叫"百鸟朝凤"法或"托云拱月"法,把主景置于周围景观的动势集中部位。

(6)其他。如利用对比与调和突出主景、渐层手法、抑扬手法、置于面阳的朝向、尺度突出法等。

4.2.2 景的层次与景深

景色就空间距离层次而言有近景(也称前景)、中景、远景(也称后景、背景)、全景。近景是近视范围较小的单独风景;中景是目之所及的景致;远景是辽阔空间伸向远处的景致,相应于一个较大范围的景色,远景可以作为景观开阔处瞭望的景色,也可以作为登高望远处鸟瞰全景的背景;全景是相应于一定区域范围的总景色。

合理的安排前景、中景与背景,可以增加景深,让画面富有层次感,使人获得深远的感受。一般前景与背景都是衬托、突出中景(主景)的配景,中景往往是主景部分。当主景缺乏前景或背景时,便需要添景,以增加景深,使景观显得丰富。尤其是景观植物的配植,常利用片状混交、立体栽植、群落组合、季相搭配等方法,以取得较好的景深效果。

1. 增大前景与透视距离

在处理风景点的前景时,要尽可能选择有深浅透视线的方向。深浅透视线本身的绝对深度大,风景的景深感染力就强。

2. 增加前景的层次

有的景观景深的绝对透视距离虽大,但前景只是一片空旷的水面,则感觉上也难以引起空间的深远感;相反,在前景的绝对距离不大时,如果在前景中又有近景、中景、远景的分层结构,形成许多等级,则会引起空间深远的错视。

3. 色彩及明暗处理

运用色彩的空间透视原理,暖色系、色度大、明色调都会给人以向前的感觉;冷色系、色度小、暗色调都会给人以远离的感觉。安排景物时,远景(背景)用暗色调、冷色系,近景用明色调、暖色系。

4. 其他错觉的应用

例如,在厅堂、穿廊等处的窗外,不到 3m 就是其他建筑的墙面,距离很短,在这种情况下,常在窗外的白粉墙前种上竹子、芭蕉等植物,配上几块山石,构成一幅无心画,引起空间深远的错觉;在水的源头、尽端布置叠石、桥、过水墙洞等均可造成水景深远的感觉。

4.2.3 借景

借景就是根据景观周围环境特点和造景需要,把园外的风景组织到园内,成为园内风景的一部分,称为借景。借景能扩大空间,丰富园景,增加变化。

1. 借景的内容

借景的内容包括借形、借声、借色、借香。

（1）借形。将建筑物、山石、植物等借助空窗、漏窗、树木透景线等纳入画面。

（2）借声。借雨声、流水声、动物声音等。例如，远借寺庙的暮鼓晨钟，近借溪谷泉声、林中鸟语，秋借雨打芭蕉，春借柳岸莺啼。

（3）借色。景观中常借月色、云霞及景观植物的红叶、佳果乃至色彩独特的树干组景。例如，杭州西湖的"三潭印月""平湖秋月""雷峰夕照"，承德避暑山庄的"月色江声""梨花伴月"等皆为著名的借景实例。

（4）借香。鲜花的芳香馥郁、草本的芳香宜人，可愉悦人的身心，是景观中增加游兴、渲染意境的重要方法。例如，北京恭王府花园中的"樵香亭""雨香岑""妙香亭"等皆为借香组景。

2. 借景的方法

一般借景的方法有以下五种。

（1）远借。把远处的园外风景借到园内，一般是山、水、树林、建筑等大的风景（图 4-16）。

图 4-16　苏州拙政园借景北寺塔

（2）邻借。把近邻园子的风景组织到园内，一般景物可作为借景的内容。

（3）仰借。利用仰视来借景，借到的景物一般要求较高大，如山峰、瀑布、高阁。中国人有春季登高踏青、秋季登高望远的习俗。"会当凌绝顶，一览众山小"，立于峰顶而俯瞰云海，仰视悬崖峭壁，拔地通天，苍穹无际，天上人间。而咫尺山林之中，创造俯仰景观，则更能产生小中见大的艺术效果。

（4）俯借。是指利用俯视所借景物，一般在视点位置较高的场所才适合于俯借。

（5）应时而借。是借一年四季中春、夏、秋、冬自然景色的变化或一天之中景色的变化来丰富园景。

4.2.4　对景与分景

1. 对景

位于景观轴线及风景线端点的景物称为对景。对景可以使两个景观相互观望，丰富景观景色,一般选择园内透视画面最精彩的位置,用作供游人逗留的场所。对景可分为对景和错落对景两种。严格对景要求两景点的主轴方向一致,位于同条直线上。错落对景比较自由,只要两景点能正面相向,主轴虽方向一致,但不在一条直线上即可。对景多用于景观局部空间的焦点部位。多在入口对面、通道端头、广场焦点、道路转折点、湖池对面、草坪一隅等地设置景物,用雕塑、山石、水景、花坛(台)等景物作为对景。它有正对景和互对景两种形式(图4-17)。

图 4-17 大雁塔的正对景

2. 分景

将园内的风景分为若干个区,使各景区相互不干扰,各具特色。分景是景观造景的重要方式之一。

将空间分开之意,分而不离,有道可通,分隔景观空间、隔断视线的景物称为分景。分景可创造园中园、岛中岛、水中水、景中景的境界,使园景虚实变换,层次丰富。其手法有障景、隔景两种。

(1)障景,也称抑景,是指以遮挡视线为主要目的的景物。中国景观讲究"欲扬先抑",也主张"俗则屏之"。二者均可用抑景障之,有意组织游人视线发生变化,以增加风景层次。障景可多用山石树丛或建筑小品等。在景观中起着抑制游人视线的作用,是引导游人转变方向的屏障景物。它能欲扬先抑,增强空间景物感染力,有山石障、曲障(院落障、影壁障)、树(树丛或树群)障等形式。

(2)隔景。将景物隔离之意,隔而断,景断意联。二者类似而略有不同。以虚隔、实隔等形式将景观绿地分隔为若干空间的景物,称为隔景。它可用花廊、花架、花墙、疏林进行虚隔,也可用实墙、山石、建筑等进行实隔,避免各景区游人相互干扰,丰富园景,使景区富有特色,具有深远莫测的效果。

4.3 景观设计程序

现代景观设计呈现一种开放性、多元化的趋势,每个项目都具有其特殊性和个性,园林景观的各项设计都是经过由浅到深、从粗到细不断完善的过程,设计过程中的许多阶段都是息息相关的,但是不同的景观规划设计项目分析和考虑的问题都有一定的相似性,都遵循规划设计的工作流程。

景观规划设计的流程是指在从事一个景观规划项目设计时,组织项目策划、实地勘察、规划设计、方案汇报、方案实施、投入运行、信息反馈这一系列工作的方法和顺序。

4.3.1　项目策划

首先要理解项目的特点,编制一个全面的计划,经过研究和调查,组织起一个准确翔实的要求清单作为设计的基础。最好向业主、潜在用户、维护人员、同类项目的规划人员等所有参与人员进行咨询;然后在历史中寻求适用案例,前瞻性地预想新技术、新材料和新规划理论的改进。

4.3.2　项目选址

首先,将必要或有益的场地特征罗列出来;然后,寻找和筛选场址范围。在这一阶段有些资料是有益的,如地质测量图、航空和遥感照片、道路图、交通运输图、规划用途数据、区划图、地图册和各种规模、各种比例的城市规划图纸。在此基础上,选定最为理想的场所。一个理想的场地可通过最小的变动,最大限度地满足项目要求。

4.3.3　场地分析

场地分析就是通过现场考察来对资料进行补充,尽量准确地把握场地的感觉、场地和周边环境的关系、现有的景观资源、地形地貌、植被、水源和水系分布,以利于分析其对拟建项目的制约因素和对现有景观的积累效应,使拟建项目与整个地区的环境在规划设计时,能够达到最大限度的协调。

4.3.4　概念规划

概念规划是设计师从分析和定位中得出设计概念主题,通过确定性质、功能、规模、宏观设计形式表达、建设周期、程序、预算等内容,把这些概念内容初步体现在宏观的设计表达中。实际上就是对整个项目的环境、功能综合分析之后,所做的空间总体形象的构思设计。

概念的形成,标志着人们的认识已从感性认识上升到理性认识。最初的概念往往具有非常强烈的个性,往往控制着整个规划设计的发展方向。所以,在这一过程中,至关重要的是建筑师、景观师、工程师等各专业工作人员的合作,大家相互启发和纠正,最终达成统一的认识。

4.3.5 影响评价

景观评价对景观使用质量的好坏具有非常重要的意义。不同的社会背景、不同的时期,评价体系是不同的。目前的景观评价指标体系主要有以下几方面。

1. 美学评价标准

美学评价标准的主要关注点是城市景观的形态特征。

2. 功能评价标准

功能评价标准是衡量景观作品究竟能够在人们生活中发挥多大的作用,在景观评价中占据重要地位。

3. 文化评价标准

文化评价标准用于评价景观形态的文化特征和意义,景观是有地域性的,文化评价标准的主要内容是评价景观作品是否能够彰显文化特质,增强场所认同,建立人与环境之间的有机和谐。

4. 环境评价标准

环境评价标准用于评价景观对于环境生态的影响程度,主要关注点在于景观作品可能带来的环境影响,能源的利用方式,对自然地形、气候等特征的尊重程度等。

在所有因素都予以考虑之后,总结这个项目可能带来的所有负面效应,可能的补救措施、所有由项目创造的积极价值,以及在规划过程中得到加强的措施、进行建设的理由,如果负面作用大于益处,则应该建议不启动该项目。

4.3.6 综合分析

在草案研究的基础上,进一步对它们的优缺点以及纯收益作比较分析,得出最佳方案,并转化成初步规划和费用估算。

4.3.7 施工和使用运行

施工和使用运行阶段,设计师应充分地监督和观察,并注意使用后的反馈意见。

这个设计流程有较强的现实指导意义,在小型景观的设计中,其中的步骤可以相对地进行一些简化和合并,加快设计周期和运作,完成项目。

4.4 景观设计实践过程

景观设计是一项综合性很强的工作,整个设计过程常常被描述为一个线性进程,包括前期的资料收集、调查研究、概念设计、方案设计、施工图设计及设计实施。目前较为通用的景观设计过程可划分为以下六个阶段。

4.4.1 任务书阶段

任务书是以文字说明为主的文件,主要包括以下内容。

(1)项目的概况。

(2)设计的原则和目标。

(3)景观绿地在景观绿地系统中的地位和作用。

(4)景观绿地所处地段的特征及周边环境。

(5)景观绿地的面积和游人容量。

(6)景观绿地总体设计的艺术特色和风格要求。

(7)景观绿地总体地形设计和功能分区。

(8)景观绿地近期、远期的投资以及单位面积造价的定额。

(9)景观绿地分期建设实施的程序。

作为一个建设项目的业主,一般会邀请一家或几家设计单位进行方案设计。一般来说,如果工程的规模大、对社会公众的影响面比较宽时,需要进行招标投标,在投标中胜出者才有机会取得规划设计的委托,招标投标主要是根据各个方案的性价比进行筛选,实质上是择优。也有一些项目以直接委托的方式进行。无论采取哪种方式,都要明确项目的基本内容,根据自己的情况决定是否接受规划设计任务。

在本阶段,设计人员作为设计方(即"乙方")在与建设项目业主(即"甲方")初步接触时,应充分了解任务书内容及整个项目的概况,包括建设规模、投资规模、时间期限等方面,特别要了解这个项目的总体框架方向和基本实施内容,这些内容往往是整个设计的根本依据,从中可以确定哪些值得深入细致地调查和分析,哪些只要作一般了解。在此阶段一般较少用图样,常以文字说明和表格分析为主。

4.4.2 基地调查与分析阶段

在此阶段主要是甲方会同规划设计师至基地现场踏勘,进行基地的调查,收集与基地有关的原始资料,补充并完善不完整的内容,对整个基地及环境进行综合分析,使基地的潜力得到充分发挥。基地分析在整个设计过程中占有很重要的地位,深入细致的基地分析有助于用地的规划和各项内容的详细设计,并且在分析过程中产生的一些设想也很有利用价值。

基地调查和分析主要包括以下内容。

1. 基地现状调查

(1)土壤方面。土壤的类型、结构及其分布;土壤的物理化学性质,pH值、有机物的含量;土壤的地下水位、含水量、透水性;土壤的承载力、抗剪切强度,土壤冻土层深度、冻土期的长短;土壤受侵蚀状况。安息角——由非压实的土壤自然形成的坡面角。

(2)地形方面。地形的起伏与分布、走向、坡度及自然排水等。

（3）气候方面。包括基地所在地区或城市常年积累的气象资料和基地范围内的小气候两部分。需要调查项目有日照、温度、风向、雨水等。

（4）水系方面。水系的种类及其分布、水文特点、水质状况、水利设施情况等。

（5）建筑物和构筑物。建筑物和构筑物的位置、高度、材料、用途、结构、色彩、风格式样、个性特色等。

（6）植被情况。基地现有植被种类、数量、高度、植被群落构成等。

（7）管线设施。包括地上和地下的管线，如电线、电缆线、通信线、给水管、排水管、煤气管等各种管线。有在园内过境的，了解其位置及地上高度、地下深度、走向、长度等，每种管线的管径和埋深以及一些技术参数，如高压输电线的电压，园内或园外邻近给水管线的流向、水压和闸门井位置等。

2. 环境条件调查

（1）四周环境景观特点。基地周边是否有可以利用的自然景观或风景名胜等，作为借景引入基地。

（2）四周环境发展规划。基地周边近期内是否有大规模的城市开发建设活动以及和基地有关的社会经济发展规划。

（3）四周环境质量状况，如大气、水体、噪声情况等。

（4）四周环境设施情况，如交通、文化娱乐设施情况，以此来确定服务半径和设施的内容。

（5）与该绿地有关的历史、人文资料。

3. 规划设计条件调查

（1）基地现状图，一般用比例尺为1∶2000、1∶1000或1∶500，图纸标明设计范围，基地范围内的地形、标高及现状物和四周环境情况等。

（2）局部放大图，比例为1∶200，主要为局部景区或景点详细设计用图。

（3）现状树木位置图，比例为1∶200或1∶500，主要标明要保留树木的位置，并注明其品种、规格等。

（4）地下管线图，比例为1∶200或1∶500，一般要求与施工图比例相同，主要标明各地下管线的位置。

（5）主要建筑物的平、立面图，指要保留利用的建筑物，其平面图上要注明室内、外标高，立面图要有建筑物尺寸、颜色等。

此外，还要在总体和一些特殊的基地地块内进行拍照，将实地现状的情况"带回去"，以便加深对基地的感性认识。

4. 资料分析

设计师在掌握一定的原始资料后，结合业主提供的基地现状图（又称"红线图"），对其进行综合性的分析与整理，进一步发现它们之间的内在联系，进行要素整合。

（1）自然环境的分析。首先必须对土地本身进行研究，主要是对地理位置、用地形状、面积、地表起伏走向、坡度等特征进行分析。对较大的影响因素能够加以控制，在其后作总体构思时，针对不利因素加以克服和避让，有利因素充分地合理利用。对于土地的有利特征和需要实施改造的地形因素,最好同时进行总体研究,还可以确定是否需要改造地形以提供排水系统。自然环境的分析一般包括基地现状、景观资源、水系分布、生态情况等方面的内容。在此阶段,设计师主要使用图示、文字、表格等方式进行综合分析与表达,通常用图示表达基地的各项特征并加以分析,从中寻找解决问题的可行办法。

(2)人文背景分析。人文背景主要包括地域范围内的社会历史、文化背景、人文精神需求等方面的内容。景观是一个时代的社会经济、文化面貌以及人们思想观念的综合反映,是社会形态的物化形式。

4.4.3 概念设计阶段

在着手进行总体规划构思之前,必须认真阅读业主提供的"设计任务书"(或"设计招标书")。在设计任务书中详细列出了业主对建设项目的各方面要求:总体定位性质、内容、投资规模、技术经济控制及设计周期等。

概念设计是设计师综合考虑任务书所要求的内容和基地环境条件,提出一些方案构思和设想。在进行总体规划构思时,要将业主提出的项目总体定位作一个构想,并与抽象的文化意义以及深层的社会、生态目标相结合,同时必须考虑将设计任务书中的规划内容融合到有形的规划构图中,把这些概念初步体现在宏观的设计表达中,对功能关系和空间形象进行总体构思设计。这种"概念性"的设计是整个设计过程中十分重要的一个环节。

概念设计常用构思草图表达,在内容上,草图表达是按项目本身问题特征进行划分的,旨在设计方向明确化,具体内容如下。

1. 反映功能方面的设计概念草图

反映功能方面的设计概念草图是对场地内的功能分区、交通流线、空间使用方式、人数容量、布局特点等方面问题进行研究。多采用较为抽象的设计符号集合在图面上配合文字、数据等来表达。

2. 反映空间方面的设计概念草图

景观的空间设计属于创意设计,应结合原有场地的现状进行空间界面的思考,结合使用需求,采用因地制宜的方式进行空间创意设计,既涵盖功能因素又具有艺术表现力。反映空间方面的设计概念草图表达方式比较丰富,平、剖面分析与文字说明相结合。

3. 反映形式方面的设计概念草图

场地的风格形式是艺术类的语言,包含设计师与业主审美交流等问题。因此,要求反映形式方面的设计概念草图表达要准确,具有一定的说服力,必要时辅以成形的实物场景照片,加上文化背景说明,特别要注意对设计深度的把握。

4. 反映技术方面的设计概念草图

目前,景观设计日益趋向智能化、工业化、生态化,这就意味着设计师要不断地学习,了解相关门类的科学概念。提高行业的先进程度必须提高设计的技术含量,景观设计师为了提高人们的生活质量,反映人们的文明生活程度,要把技术因素转化为美学元素和文化元素。技术方面的概念草图表达既包含正确的技术依据,又具有艺术形式的美感。

概念设计图是设计师自我交流、进一步形成设计构想的基础记录,也是与其他设计者或业主交流沟通的一种方式。

4.4.4 方案设计阶段

1. 初步设计

将收集到的原始资料结合草图进行补充、修改,对影响设计结果的风格、功能、尺度、形式、色彩、材料等问题给出具体的解决方案,这一阶段是对设计师专业素质、艺术修养、设计能力的全面考量,所有的设计成果将在这一阶段初步呈现。在初步方案设计中,要注意细化景观层次,合理调整景观的布局,对重要节点和难点进行充分的设计分析,同时对景观构筑物及景观小品进行深入的细化和风格的宏观定位。

在本阶段要逐步明确总图中的入口、广场、道路、水面、绿地、建筑小品、管理用房等各元素的具体位置,并使整个规划在功能上趋于合理,在构图形式上符合景观设计的基本原则:视觉上美观、舒适。方案设计完成后应与委托方共同商议,然后根据商讨结果对方案进行修改和调整。

当初步方案确定后,就要全面地对整个方案进行各种详细的设计,包括确定准确的形状、尺寸、色彩和材料,完成各局部详细的平面图、立(剖)面图、园景的透视图、整体设计的鸟瞰图等。

整个方案全都定下来后,图文包装必不可少。现在,图文包装正越来越受业主与设计单位的重视。最后,把规划方案的说明、投资匡(估)算、水电设计的一些主要节点汇编成文字部分;把规划平面图、功能分区图、绿化种植图、小品设计图、全景透视图、局部景点透视图汇编成图纸部分。文字部分与图纸部分结合就组成一套完整的规划方案文本。

初步方案设计文本包括以下内容。

(1)封面。写明方案名称、编制单位、编制年月等。

(2)扉页。写明方案编制单位的行政与技术负责人、设计总负责人、方案设计人,必要时可附透视图和模型照片。

(3)方案设计文件目录。

(4)设计说明书。由总说明和各专业说明组成。

(5)投资估算。包括编制说明、投资估算。简单的项目可将投资估算纳入设计说明,独立成节即可。

(6)设计图纸。主要包括区位图、现状图、总平面图、各类分析图、功能分区图、绿化种植图、小品设计图、透视图等。

大型或重要的建设项目,可根据需要增加模型、计算机动画等,参加设计招标的工程,其方案设计文件的编制应按招标的规定和要求执行。

2. 方案评审、扩初设计

由有关部门组织的专家评审组,集中一天或几天时间,召开一个专家评审(论证)会。出席会议的人员,除了各方面专家外,还有建设方领导,市、区有关部门的领导,以及项目设计负责人和主要设计人员。

在方案评审会上,项目负责人一定要结合项目的总体设计情况,在有限的一段时间内,将项目概况、总体设计定位、设计原则、设计内容、技术经济指标、总投资估算等方面内容,向领导和专家们作一个全方位汇报。宜先将设计指导思想和设计原则阐述清楚,然后介绍设计布局和内容。设计内容的介绍必须紧密结合之前阐述的设计原则,将设计指导思想及原则作为设计布局和内容的理论基础,而后者又是前者的具象化体现,两者应相辅相成,缺一不可。切不可造成设计原则和设计内容南辕北辙。

方案评审会结束后,设计方会收到打印成文的专家组评审意见。设计负责人必须认真阅读,对每条意见都应该有一个明确答复,对于特别有意义的专家意见,要积极听取,立即落实到方案修改稿中。

设计者结合专家组方案评审意见,进一步地扩大初步设计(简称"扩初设计")。在扩初设计文本中,应该有更详细、更深入的总体规划平面图,总体竖向设计平面图,总体绿化设计平面,建筑小品的平、立、剖面图(标注主要尺寸)。在地形特别复杂的地段,应该绘制详细的剖面图。在剖面图中,必须标明几个主要空间地面的标高(路面标高、地坪标高、室内地坪标高)、湖面标高(水面标高、池底标高)。

在扩初设计文本中,还应该有详细的水、电气设计说明,如有较大用电、用水设施,要绘制给水排水、电气设计平面图。

一般情况下,经过方案设计评审会和扩初设计评审会后,总体规划平面和具体设计内容都能顺利通过评审,这就为施工图设计打下了良好的基础。扩初设计越详细,施工图设计越省力。

4.4.5 施工图设计阶段

施工图设计阶段是将设计与施工连接起来的环节。根据所设计的方案,结合各工种的要求分别绘制出能具体、准确地指导施工的各种图纸,如施工平面图、地形竖向设计图、种植平面图、景观建筑施工图、地面铺装大样图等。这些图样应能清楚、准确地表示出各项设计内容的尺寸、位置、形状、材料、种类、数量、色彩以及构造和结构。

施工图文本包括以下内容。

(1)封面。写明项目名称、编制单位、项目设计编号、设计阶段、编制年月等。

(2)扉页。写明编制单位的法定代表人、技术负责人、项目总负责人名称及其签字或授权盖章。

(3)图纸目录。应先列新绘制的图纸,后列选用的标准图和重复利用图。

(4)设计说明。列出主要技术经济指标。

(5)投资计算书。设计依据、简图、计算公式、计算过程及成果资料,均作为技术文件归档。

(6)施工设计图纸。主要由以下图纸组成。

① 总平面图。包括保留的地形和地物;总体测量坐标网;场地四界测量的坐标或定位尺寸,道路红线和建筑红线或用地界线的位置;原有道路、建筑物、构筑物的位置、名称,建筑层数;广场、停车场、道路、无障碍设计、挡土墙、排水沟、护坡的定位;指北针和

风玫瑰图；建筑物和构筑物使用编号时应列出编号表；施工图设计的依据、尺寸单位、比例、坐标及高程系统等。

②种植设计图。此图是景观设计的核心，属于平面设计的范畴，主要标示各种园林植物的种类、数量、规格、种植位置和配植形式等，是定点放线和种植施工的依据。

③竖向设计图。竖向设计图也用于总体设计的范畴，它可以反映地形设计、等高线、水池山石的位置、道路及建筑物的关键性标高等，能够为地形改造施工和土石方调配预算提供依据。

④管道综合图。包括总平面图、各种管线平面布置图、场外管线接入点的位置，可适当增加断面图。

⑤绿化及建筑小品布置图。包括绿地与人行步道的定位、建筑小品的位置与设计标高等。

4.4.6 设计实施及技术服务阶段

业主对工程项目质量的精益求精，以及对施工周期的一再缩短，都要求设计师在工程项目施工过程中，经常踏勘建设中的工地，提供相应的技术服务，解决施工现场暴露出来的设计问题、设计与施工配合问题。

如果条件具备，该设计项目负责人必须结合工程建设指挥的工作规律，对自己及各专业设计人员制定一项规定：每周必须下工地一至两次（可根据客观情况适当增减），每次到工地，参加指挥部召开的每周工程例会，会后至现场解决会上各施工单位提出的问题。能现场解决的，现场解决；无法现场解决的，回去协调各专业设计后出设计变更图解决，时间控制在 2～3 天。上面所指的设计师往往是项目负责人，但其他各专业设计人员应该配合总体设计师，做好本职专业的施工配合。

如果建设中的工地与设计师位于不同城市（俗称"外地设计项目"），而工程项目又相当重要（影响深远，规模庞大），设计院所就必须根据该工程的性质、特点，派遣一位总体设计协调人员赴外地施工现场进行施工配合。

其实，设计师的施工配合工作也随着社会的发展、与国际合作设计项目的增加而上升到新的高度。配合时间更具弹性、配合形式更多样化。俗话说，"三分设计，七分施工"。如何使"三分"的设计充分体现、融入"七分"的施工中，产生"十分"的景观效果，这就是设计师施工配合所要达到的工作目的。

4.5 景观设计成果

4.5.1 文本及设计说明书

法定的规划要求必须提交文本，文本以条文形式反映建设管理细则，经过批准后成为正式的规划管理文件，说明书则是以通俗平实、简明扼要的文本对规划设计方案进行说明。一般包括以下内容。

（1）规划设计编制的依据。

（2）现状情况的说明和分析。

（3）规划设计的目标、方针、原则。

（4）规划总体构思、功能分区。

（5）用地布局。

（6）交通流线组织。

（7）建筑物形态。

（8）景观特色要求。

（9）竖向设计。

（10）其他配套的工程规划设计。

（11）主要技术经济指标（用地面积、建筑面积、绿地率等）。

4.5.2 图纸

图纸内容一般包括以下内容。

（1）规划地段位置图。标明规划地段的位置以及和周围地区的关系。

（2）规划地段现状。标明用地现状、植被现状、建筑物现状、工程管线现状，图纸比例为1∶500～1∶2000。

（3）功能结构分析图。图纸比例为1∶500～1∶2000，在总平面图的基础上，用不同色彩的符号抽象地表示出规划功能结构关系。

（4）功能分区图。在总平面图的基础上，用不同色块表示出规划的各个功能用地位置范围，标明功能名称。

（5）交通结构分析图。在总平面图的基础上，用不同色彩的符号抽象地表示出规划道路的结构关系。

（6）景观格局分析图。在现状植被平面图的基础上，通过对场地内现有景观的分析，提出规划景观格局的初步构想。

（7）绿地结构分析图。在总平面图的基础上，用不同的色彩抽象地表示出内部规划绿地的类型、范围。

（8）规划设计总平面图。图纸比例为1∶500～1∶2000，标明规划建筑、草地、林地、道路、铺装、水体、停车场、重要景观小品、雕塑的位置、范围，应标明主要空间、景观、建筑、道路的尺寸和名称。

（9）道路交通规划图。图纸比例为1∶500～1∶2000，应标明道路的红线位置、横断面，道路交叉点的坐标、标高、坡向坡度、长度、停车场用地界线。

（10）种植设计图。图纸比例1∶300～1∶500，标明植物种类、种植数量及规格，附苗木种植表。

（11）纵、横断面图。图纸比例为1∶300～1∶500，应标出尺度比例、高差变化、地面地下空间利用、周边道路、乔木绿化等，标明重要标高点。

（12）竖向规划设计图。图纸比例为1：500～1：2000，标明不同高度地块的范围、相对标高以及高差处理方式。

（13）服务设施系统规划图。在总平面图的基础上，用不同的色彩抽象地表示出内部服务设施的性质和关系。

（14）工程管线规划图。图纸比例为1：500～1：2000。

（15）分期建设规划图。

（16）重点地段规划设计图。通过透视、平面、立面、剖面图表示重点地段规划设计。

（17）主要街景立面图。标明沿街建筑高度、色彩、主要构筑物高度，表现出规划建筑与周边环境的空间关系。

（18）主要建筑和构筑物方案图。包括主要建筑地面层平面图，地下建筑负一层平面图，主要构筑物平、立剖面图。

（19）表达设计意图的效果图或图片。一般应包括总体鸟瞰图、夜景效果图、重要景点效果图、特色景点效果图、反映设计意图的局部放大平、立、剖面图及相关图片、重要建筑和构筑物效果图。

（20）施工设计图。

学习笔记

模块二

景观设计项目实训

第5章 小游园景观设计

5.1 学 习 目 标

　　了解小游园景观规划设计的基本内容和基本原理；熟悉小游园景观规划设计的常用手法；逐步积累小游园景观规划设计的常用素材，能在教师指导下进行小游园景观设计的初步实践。

5.2 学 习 内 容

5.2.1 小游园景观规划设计基础知识

1. 小游园的定义及分类

　　小游园是供城市行人或居民作休闲、游憩、健身、纳凉及进行一些小型文娱活动的场所，是城市公共绿地的一种形式，又称小绿地、小广场、小花园、绿化广场等（图 5-1）。商业区、行政区或者居住区的小块公共绿地，规模较大的可供行人进出游憩的绿化安全岛，

图 5-1　小游园

以及街头、桥头、河畔的小块绿地,一般都习惯统称为"小游园"(petty street garden)。小游园不是单纯的绿化,它具有"可进入、可逗留"的特征。严禁行人穿越的交通绿化隔离带、安全岛,无游乐休憩设施的防护林等,则不能称为小游园。

在"国家园林城市"评比活动的指引下,随着经济的发展以及人们对城市环境和人居环境的逐渐重视,各级政府都高度重视小游园的建设。在新建城区和旧城改造过程中,城市建设主管部门都规划建造了一大批"小游园"。我国的小游园规模较小,可专门规划建设,也可利用城市中不宜布置建筑的小块零星空地和边角地建造,面积一般在 1 万 ㎡ 左右,也有数千、数百平方米的。但其分布广,以方便人们使用为宗旨,颇受市民的欢迎。

小游园以绿化为主,在绿化配置上,小游园要兼有街道绿化和公园绿化的双重性特点,一般要求绿化率较高。在设计上,小游园要合理地配置花草树木、游步道和休息座椅。根据规模大小,也可以布置少量的儿童游戏设施、小水池、花坛、假山、雕塑、园林石、艺术垃圾桶,以及花架、休息亭、宣传廊等园林建筑小品,作为主景或点缀。图 5-2 所示为郑州市某小游园,该园布置得精细雅致,简洁大方,经济实用。花木草坪,高低错落,开合得宜。园路、铺地、水池、花池和建筑小品相得益彰。

图 5-2　郑州市某小游园

小游园在国外亦很普遍。1923 年关东大地震后,日本政府重建东京时,在小学校近邻、道旁、河滨等地建设了 72 座小游园。苏联的小游园是设施简单的小型绿地,常结合旧城改造开辟,供附近居民和过往行人作短暂休息,属于城市公共园林的一种。这些小游园入口处常常设有花坛、喷泉、雕塑等,为城市街景增色。主要公共建筑物的前庭也常设小游园。苏联高度重视小游园的建设,率先将小游园列入城市园林绿地系统,并分门别类为广场上的小游园、公共建筑物前的小游园、居住区内的小游园、街道上的小游园等。

2. 我国优秀小游园设计

(1) 大连市中山广场绿地(图 5-3)。大连市中山广场始建于 1899 年,直径 168m,总

面积 2.2 万 m²。广场周围的建筑大多建于 21 世纪初,以欧式风格为主。中山广场实际
上是一个交通岛,有 10 条大道以此为圆心,放射状通向四面八方。游人可通过地下通道
和地上斑马线进出该园。园景以草坪为主,点缀少量乔木,园路对仗工整,园区视野开阔。

图 5-3　大连市中山广场绿地

　　(2) 杭州市武林广场绿地。杭州市武林广场(图 5-4)因地处杭州古城之武林门而得
名,始建于 1978 年,广场集休闲娱乐、社交集会于一体,是具有代表性的城市文化广场。
广场两侧的小游园,道路曲折自然,颇具江南婉约风格。其中心景观——"八少女雕塑音
乐喷泉"落成于 1984 年(图 5-5),武林广场音乐喷泉呈梅花状,"花蕊"为 3 个跳红绸舞的
少女雕像,5 个"花瓣"则是 5 个少女雕像,分别演奏着琵琶、笙、古筝、箜篌、笛子。这个喷
泉是为纪念杭州解放而建的,杭州是在 1949 年 5 月 3 日解放,喷泉外面 5 个手持乐器的
少女雕像代表 5 月,而中间手拿绸带跳舞的 3 个少女雕像则代表 3 日。

图 5-4　杭州市武林广场

图 5-5　八少女雕塑音乐喷泉

（3）昆明市席子营小游园（图 5-6）。昆明市席子营小游园占地约 $7422m^2$。园内栽种大滇朴、假连翘、金叶女贞、鸭脚木、八角金盘、春娟、满天星、绣球花、桂花等植物 20 余种，700 余株大小乔木、30 多万株地被灌木及多种花卉，构成了小游园迷人的绿色景观。该园于 2007 年 10 月被昆明市人民政府评为"精品小游园"。

图 5-6　昆明市席子营小游园

此外，天津市桂林路小游园、合肥市稻香小游园、合肥市河滨小游园、上海市江西中路小游园都是在国内颇有名气的。近年来，南京、西安、苏州等城市，也都兴建了一大批颇具地方特色和文化内涵的小游园。有的城市的规划建设目标是市区内居民出门 300～500m 就能见到一个小游园。

5.2.2　小游园在城市中的作用

小游园作为园林的一种形式，在我国的城市建设中有非常重要的作用。

在高楼林立的市区，小游园提供了绿意盎然的开敞空间，除了可给行人提供短暂游憩的场所外，还缓解了"混凝土森林"带来的压抑感，形成了抑扬顿挫的天际轮廓，丰富了城市空间，美化了街景和市容市貌。

从建筑学、生态学、环境心理学和环境美学等方面看，其作用可归纳如下。

（1）净化空气，调节微气候，提高环境质量。小游园和其他绿地一样具有调节气候、防风除尘、降低噪声、净化空气的功能。植物通过光合作用，吸收空气中的二氧化碳，制造并释放氧气，提高空气中的含氧量；植物的根部吸收水分，通过叶片蒸发到空气中，可以提高空气的湿度；有些植物能够吸收汽车尾气、工厂废气等有害气体，从而降低空气中有害物质的含量；某些植物能够分泌杀菌物质，有助于降低空气中的含菌量；此外，植物的枝叶可以滞留、过滤空气中的尘埃，起到净化空气的作用。

　　植物可以吸收和遮挡一部分太阳辐射、紫外线等。通过树荫的覆盖,有效降低地面的热辐射,造成局部地区的温度较低,而周围地区温度较高,这样便会因温差而形成空气对流,促进空气流动,改善小气候。因此,大树树荫下是人们纳凉、休闲、聚会的良好场所。

　　(2) 美化环境,提供游憩场所,丰富居民的文化生活。市区的小游园对于美化城市、装点街景,起到非常重要的作用。各类植物以其纷繁的品种、多样的色彩、形态各异的树形以及春华秋实的四季变化来丰富城市的景观,增加自然气息,有利于缓解人们心理上的压力。市区道路和沿街建筑,由于小游园的衬托,显得生动活泼、富有生气。一些外形欠佳的建筑或设施,还可通过植物遮挡加以隐蔽。

　　(3) 组织交通,分散人流。交通要塞附近的小游园还有组织交通、分散人流的作用。如大连市中山广场小游园、上海市江西中路小游园,都具有这种功能。

　　(4) 具有城市绿地的防灾功能。对于地震、火灾、洪涝等自然或人为灾害,小游园可以为附近居民提供避难所,可以起到隔绝、缓解灾害的作用,也可以为临近高楼火灾的扑救工作提供场地。公园绿地经防灾改造后,其防灾功能更加完备。

5.2.3　小游园常见的布局形式及规划设计要点

　　鉴于小游园的可进入性和公益性,故其平面布局宜采取开放式,结合周围的交通设施,游人可从多个出入口自由进出。由于规模的限制和安全考虑,小游园通常不考虑停车位,并禁止机动车、自行车出入,有些城市也禁止带宠物入内。小游园通常利用边角地带,规划设计可以因地制宜,手法多样。常用的布局形式有对称式布局、自由式布局、集中式布局、台阶式布局(图 5-7)等。

图 5-7　小游园布局形式

该园布局为中心对称,并结合地形做了台阶式处理。

小游园规划设计要点归纳如下。

(1)框架布局简洁明快,主次分明。小游园的平面布局不宜复杂,应当使用简洁而和谐的几何图形,使主体框架脉络清晰。依据美学理论,比例恰当、尺度宜人、图形要素之间的几何关系明确且具有严格的制约关系,最能引起人的美感。西方园林的布局多精于运用几何形体,即便是具有东方情调的自由园路,同样离不开几何关系的推敲。

(2)因地制宜,小园多工整,大园多自由。如果园址地段面积较小,地形变化不大,周边又是规则式建筑,则游园内部道路系统以规则式为佳。若地段面积稍大,又有地形起伏(可人工制造起伏),则可以进行自由式布置,力求自然清新,可吸收、借鉴、继承和发展国内外优秀的造园技法。

城市中的小游园贵在自然气息浓厚,以便能使人从嘈杂的城市环境中脱离,得到片刻休闲。园景宜充满生活气息,有利于逗留休息和凝聚人气。另外,要采取艺术手段,将人带入设定的情境中,融自然性、生活性和艺术性为一体。

(3)布局紧凑,以小见大,尺度宜人。平面布局宜紧凑有力,忌松散,尽量提高土地的利用率;多活角,少死角(死角容易藏污纳垢,引人便溺,污染环境);利用地形道路、植物小品分隔空间,丰富空间层次,也可利用各种形式的隔断花墙构成园中园;建筑小品以小巧取胜,园路、铺地、座椅、栏杆应尺度宜人,安全方便,使游人产生亲切感和舒适感,充分发挥绿地的公益性能。

(4)植物配置与环境结合,并体现地方风格。选择主调树种时,应综合考虑其形态美、色彩美和风韵美,使其姿态与周围的环境气氛相协调;在和谐统一、相得益彰的前提下,植物种类应尽量丰富,以求步移景异,多姿多彩。植物种植应以乔木为主,灌木为辅,乔木以孤植为主(树下可布置休息座椅或活动空间),边缘处可适当辅以树丛或点缀花灌木,适当增加宿根类花卉。此外,也可利用垂直绿化进行增绿和增色。鉴于草坪的绿化功效较低且养护成本较高,要适当控制草坪的面积。

(5)妥善组织交通。游园交通要做到主次清晰,开合顺畅,便捷合理,避免践踏草坪的"捷径现象"及"迷宫式"园路的出现。

(6)动静分区明确。为满足不同人群不同性质的活动需求,小游园设计时要认真研究人的行为模式,充分考虑动静分区。动区具有公共性,宜开敞。静区具有私密性,宜隐蔽。在空间处理上要注意动静结合,群游与独处兼顾,使游人能够方便地找到自己所需要的空间类型。

(7)渗透地域文脉、乡土风物和城市特点,力求做出特色。这是较高的要求,也是为防止小游园"千园一面""苍白无力"的情况出现。绿化、体育健身设施和石头小路,不能成为街头绿地的统一面孔。在有条件的地方,每一个小游园都应该挖掘所在地段的文脉,从而成为有地缘特色的城市公共景观;可利用蕴含地方文化符号、历史典故、文化传说的雕塑、建筑小品等点出主题立意;也可用乡土树种,或者特定城市的市花、市树、原产地特有树种、保护树种等植物手法做出特色;还可以做各类立意的主题性小游园。

5.2.4 小游园景观规划设计的步骤

小游园的设计是一项综合性较强的工作,涉及建筑学、园林学以及相关的人文知识等。其设计原理与建筑学的相关原理是相通的,需要逐步积累,活学活用,边学边练,在实践、实战中提高。

图 5-8 所示为北京市房山区燕怡园的设计,园路组织交通,串联各功能分区。草地与树木为基底,建筑小品与雕塑为点缀,小游园的景观规划设计先整体后局部,先宏观后微观,可谓提纲挈领、纲举目张、逐步丰满。

小游园景观规划设计步骤通常包括以下几方面。

(1)设计前期准备。仔细研读设计任务书,现场踏勘(俗称看现场),收集相关资料(包括类似项目的参观考察)等,对项目要求、周边环境甚至相关的历史人文做到了然于胸,并对项目设计进行初步思考与立意。

(2)总平面设计。以园路、铺地为骨架,运用简洁的几何形体进行穿插组合,做到尺度适宜,主次分明,有开有合,重点突出。

(3)建筑小品及细部设计。对花池、台阶、游廊、休息亭、雕塑、喷水池等景观元素进行深入思考及设计,利用适当的材质和形体,使各景观元素之间做到和谐有变、丰富统一。

(4)植物配置。游园绿地应以植物造景为主。在植物规划设计上,通常以高大乔木为主景,孤植和组团配置相结合,适当点缀由彩叶植物和花灌木组成的色块或模纹,建植草坪。充分利用乡土植物,并注重植物材料的多样性和观赏性。图 5-9 所示为某小游园植物配置:以大乔木、小乔木、灌木、草坪相结合,深绿、浅绿、米黄、紫红色相映衬,有疏有密,有开有合,绿色满眼,生机盎然。

图 5-8　北京市房山区燕怡园　　　　　图 5-9　某小游园植物配置

5.3　项目任务:某游园景观规划设计

1. 项目设计任务书

图 5-10 所示为某城市地块,该地块拟建小游园一座。该基地平面工整,南北长 160m,东西长 150m。基地北侧、东侧为商业区,西侧为居住区,南侧为城市干道和大型城市绿地。基地附近为新建居民小区和大型商场。基地南侧有一城市绿地,西侧与环城西路之间为交通隔离绿化带,通过地下通道与居住小区相连,东侧有一条东西向步行的商业街,设计时应考虑商业街人流量较大等因素。

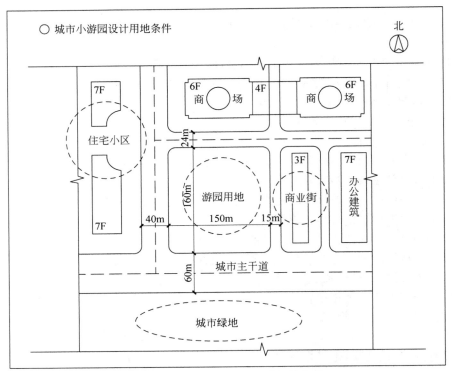

图 5-10　某城市小游园设计用地条件

（1）游园设计定位。向公众提供一个集绿化、交通、观演、休闲、健身、交往于一体的外部空间环境。

（2）设计要求，具体内容如下。

① 作为区域性功能转换空间，注重与周边地段环境和城市交通（如公共交通、商业街）的衔接，注重功能上的过渡，考虑人流和行为的连贯性。

② 布置绿化（包括草坪、乔木、灌木、花坛等），营造宜人的游园环境。

③ 根据功能需要，布置一些必备的游乐设施、附属设施、建筑小品、灯具和水景。

④ 现场地形可作适当的填挖土方处理（做出地形起伏或台阶式游园）。

⑤ 方案设计要充分研究地段环境，考虑多种功能要求，充分满足使用者的要求，并尽可能做出自己的特色。

2．任务目标

根据任务书要求，完成小游园设计的图纸内容如下。

（1）总平面图。

（2）景观分析图。

（3）交通分析图。

（4）绿化分析图。

（5）效果图、游园局部放大图。

3．任务分析

该任务是一个规模较大、功能较为综合的小游园设计。充分研读设计任务书和区位图后,可收集类似的资料,参观类似的实际项目,以开阔视野,做好设计前期的准备工作。

4. 任务实施

(1) 根据所给资料对地形进行理解,进行方案构思。

(2) 一草设计阶段:进行功能分析、景观分析、人流分析、用地分析等。

(3) 二草设计阶段:根据一草分析图进行环境布置。运用以往所学的设计原理,结合小游园实地调查成果,考虑人的行为心理,进行空间布置。

(4) 方案成图布置:运用计算机软件表达。

5. 任务评价

(1) 一草设计阶段(20分):提交功能分析图、景观分析图、人流分析图、用地分析图。

(2) 二草设计阶段(20分):为手绘阶段,提交平面布置图(环境小品布置图、绿化布置图、地面铺装图),要求符合园林制图标准。

(3) 方案成图阶段(60分):运用 AutoCAD 软件、Lumion、Photoshop 等软件进行表达,要求建模并布版,设计成果装订为 A3 文本。

(4) 附评分参考如下(表 5-1)。

表 5-1 评分标准

阶 段	设计阶段内容	分数	评 分 标 准	交图时间
一草设计阶段 (20分)	功能分析图	5	考虑以人为本的设计理念,根据分析的合理性,评为 A、B、C、D 并进行分数匹配	根据具体教学计划另定
	景观分析图	5		
	人流分析图	5		
	用地分析图	5		
二草设计阶段 (20分)	设计理念	5	与分析图对应,根据设计的合理性,运用制图标准,评为 A、B、C、D 并进行分数匹配	
	环境小品布置图	5		
	绿化布置图	5		
	地面铺装图	5		
方案成图阶段 (60分)	版面布置	10	灵活综合运用设计软件,充分表达设计成果,评为 A、B、C、D 并进行分数匹配	
	模型建立	10		
	平面软件综合运用	10		
	外环境设计成果	30		

5.4 案例学习:武汉良友红坊文化艺术社区景观改造设计

武汉良友红坊文化艺术社区前身是 20 世纪 60 年代的老厂房,20 世纪 90 年代又被作为建材市场使用;城市化的进程使得这个位于汉口三环线内的厂区逐步被边缘化。杂草丛生,建筑破旧,排水不畅等问题困扰着这个原来的城市"棕地",也使得这个节点如同一块城市伤疤,急需进行一场本地"手术"。2018 年,上海红坊集团接手这个厂区的运营,立志将之改造为文化创意企业的办公园区;瑞拓设计 UAO 受上海红坊集团委托,对园区的景观设计和核心建筑 ADC 艺术设计中心进行了改造设计。

亲切感的营造,场地的旧物利用、保留、改造功不可没。首先是保留,保留红砖烟囱、水塔、老的木桁架和瓦屋面,保留具有年代感的雕塑小品,如蘑菇亭、白鳍豚雕塑;其次是利用再造,把蘑菇亭植入了霓虹灯管,把白鳍豚雕塑重新安置在集装箱里,用树脂补齐白鳍豚雕塑残缺的部分,一个兼具历史感和时代感的新作品就诞生了;包括对场地拆下来的红砖,重新组合成厂区内的花坛、景墙,以及铺地;也因为把中心广场周边区域划分成了步行区域,原来破损的机动车道不再使用,混凝土路面产生众多分隔缝,历经风雨已然裂痕累累,用切割机将裂缝切开,重新铺上红砖,形成了材质保留和对比的一种亲切感。

旧物保留,当然也少不了保留墙面的历史标语之类,但是这种表面式的手法,在"旧物再用"这种更高一级的表达方式面前,"轰然碎成了渣"。项目于2019年年底基本建成后,甲方红坊集团不断从上海搬运来更多的室外艺术作品,慢慢将总个园区填成了一个处处都是艺术品的状态,也进一步加深了感知上的距离感。这种充分发掘场地的特性、对场地有限度的更新改造、对旧有材料的适当重复利用,其实是针对原有场地特质的"场所精神再造",距离感与亲切感同在,为老工业遗产的更新改造提供了一条更适合的道路。

图 5-11~图 5-19 所示为园景图片。

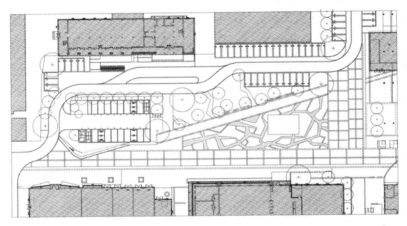

图 5-11 改造后平面

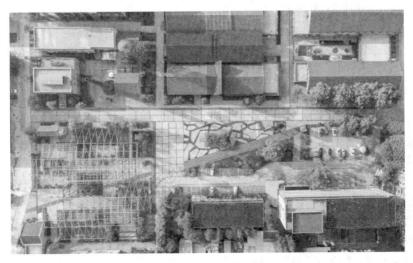

图 5-12 项目俯瞰

图 5-13 项目鸟瞰

图 5-14 近景

图 5-15 红砖厂房

图 5-16　入口处的生态停车场、红砖叠砌的三角形景墙

图 5-17　斜轴线旁棱角分明的碎混凝土块

图 5-18 花草亭与艺术设计中心的 A 字入口处于一条轴线上

图 5-19 老的木桁架与红砖烟囱

 学习笔记

第 6 章 校园景观设计

6.1 学 习 目 标

通过本章的学习,将使学生明确并理解校园规划中的关键是解决人和环境的融合,创造优美的校园环境。掌握校园景观设计基础知识、校园景观设计原则、校园景观设计布局特征、校园景观设计要点等校园景观规划理论体系。

6.2 学 习 内 容

6.2.1 校园景观设计基础知识

1. 校园景观规划的相关概念

校园大体分为小学校园、中学校园和大学校园,三种校园形式中,大学校园是各种规划元素较齐备的校园形式,因此,本章的讲述以大学校园景观规划为主。

校园发挥着供人学习、研究以及传播知识和社会文化的功能,需要有校园实体的存在。校园规划是介于城市规划与单位建筑设计之间的学科,相对城市规划、区域规划而言,是最小的规划,但它具有规划的全部内涵,相对单体建筑设计而言,它是最广泛的单体建筑群的设计。

校园景观环境的构成要素是一个复杂的体系,是由建筑、道路、广场、树木、草坪、花坛、水体、雕塑小品、铺地、休息设施、围墙、指示牌、宣传栏等基本物质构成要素所构成的一个有机的、统一的整体。其规划是在校园区域内,依据其空间形态、植物配置、园林小品、环境品格、人文景观等内在特质与诉求,运用传统园林学、生态学、环境行为心理学、行为科学等综合知识,营造符合并引导师生行为与精神需求的环境艺术,包括校园总体布局、道路交通、绿化系统、校园建筑和空间组织等内容。

2. 校园景观规划的目的

近年来受到生态和大地艺术理论的影响,校园景观不再以轴线作为空间组织的唯一方式,而是在原有功能分区的规划思路基础上,越来越呈现出顺应地形、生态环境的校园景观空间结构。

校园环境是学校的形象和标志,直接关系到学生的身心健康和发展。所以校园景观规划应以人为核心进行校园环境建设,创造良好的育人环境,满足学生和教师对校园的利用和享受。其主要目的:①提供一个与所在地区(城市)具有一定开放面的校园边缘环境;②提供完善、安全的课外生活环境;③提供既有整体美又有地方特色和自身学科特色的校园环境形象。

3. 校园景观的作用

校园景观规划既是校园园区环境意象的整合与提炼,也是展现新型大学外观形象和特定内涵的标杆。

校园景观可以陶冶情操、传承文化、美化校园、抒发情怀、创造进取,尤其是植物景观,有调节气候、吸附滞尘、净化空气、美化环境、隔离、保护、提高生态质量等生态效应与环境服务功能。

(1)提供室外交流的理想场所。从心理角度来讲,对于精力充沛的学生来说,教室只是学习的部分空间,如果条件允许,他们更喜欢室外的学习空间。师生可以在弯曲的园路上散步、学习、交流,在小广场上晨读、锻炼、娱乐、交谈等。

(2)传承知识、陶冶情操。自学校诞生起,校园文化标识承担着传承知识、培养人才、启蒙大众、激发思想的使命。校园的人文内涵与环境品质铸就了一个学校自身特殊的氛围,构成了校园文化的方方面面。校园的景观设计,可以通过景观的具体形式、造型、色彩、线条、质感等艺术设计,把人们所希望的人生观、价值观、审美观、道德准则等融入其中,陶冶学生情操,使学生学会创造美,提高自身审美与认知能力。

(3)抒发情怀,创造进取。校园景观是场所精神的再现。校园的场所精神是在校园生活和校园空间环境之间不断互动的过程中形成的,在注重构图、比例、均衡、韵律等形式法则的同时,将对真实生活的关注、体验和思考融入校园绿地景观设计中,营造一种具有某种精神的场所。当园林景观与自然界的山水景观相交融时,学生能够在校园文化活动中开启智慧,抒发情怀,创造进取。

6.2.2 校园景观设计原则

校园景观规划就规划面积而言,小于城市规划甚至其他区域的规划,但其规划内容是全面的、多角度的,涉及规划的所有内容。校园规划时应注意以下原则。

1. 动态开放、可持续发展原则

以往的校园规划是提出一套若干年后实现的"终极状态"的蓝图,然而学校的发展却是连续的、不断变化的,并不存在最终的理想状态。经济、科技以及规划理论的发展,加快了校园组织结构、学科设置、空间设施的更新速度,从而使大学总处于一种不确定的状态之中。学科的交叉重组及学科发展的不确定性都对规划有一定的弹性要求。规划可以分期实施,定下远期发展脉络;同时要考虑校园各区平衡发展,留有一定的预期用地。建筑单体或建筑群设计上可以随未来的需要而灵活变动,采用使用空间典型化、空间组合标准化、结构及构造模数化的思路。

随着社会的发展、科学文化的不断进步,可以与时俱进地添加新的内容,做适当、合理的补充、修改和完善,以使校园规划的可持续发展性得到充分的体现。这个持续性一方面是指校园建筑的持续使用,另一方面是指校园的改建扩建,还有就是校园建设材料、能源使用的可持续性。总之,校园规划应充分考虑未来的发展,使规划结构多样、协调、富有弹性,适应未来变化,满足可持续发展。

2. 绿色生态、节约原则

随着校园的大规模建设,规划设计中应结合并充分利用自然条件,保护和构建校园的生态系统。创造生态化、园林化的校园环境,通过与自然的结合,在满足人类自身需要的基础上,同时也满足其他生物及其环境的需求,使得整个生态系统良性循环。其中地方气候和地形地景是设计必须紧密结合、深入考虑的两大环境因素。校园的建设必须尊重基地环境,最大限度地减少对自然环境的破坏,不使用有毒有害的建筑材料,保护生态环境,减少人类生活对自然界产生的破坏,减少对自然界不可再生资源的使用,减少能源消耗。

保护生态环境的措施可以分为以下三个层次。

(1) 低技术(low-tech),最大限度地使用当地可用的自然资源的简易设计。

(2) 轻技术(light-tech),不仅要简单地运用可循环使用的建筑材料,还要开展最有效地运用资源的设计。

(3) 高技术(high-tech),象征着未来的信息和通信系统对大学的影响。

每一个设计项目均应该选择最为适当的技术路线,寻求具体的整合途径,以达到保护生态环境、提高能源和资源的利用率、创造舒适的生存环境的目的。绿色大学校园应根据自身的建设条件,对多层次的技术加以综合利用、继承、改进和创新。

在设计规划定位初期,就应把设计功能与建设标准的问题处理好,在满足实用性、文化性和功能完整性的前提下,应尽量避免盲目求大、过分追求奢华现象的出现。要把坚持环保、节约能源这个观念贯穿整个规划设计工作中。

3. 文脉导向原则

良好的校园文化,主要指校园环境对人有潜移默化的教育和熏陶作用。在欧美的名校中,历史使建筑本身就散发出一种令人感动的人文气息,而我国目前的大学新校区由于建造快速,往往缺乏这一点。大学校园文脉是指在大学发展、扩建、合并后,对办学思想和理念、组织结构、规章制度、学术风尚、人员层次和管理风格等做相应的调整,逐步形成一种新的大学文化范式。大学文脉的发展,应当从培育新的大学价值观入手,开展体现新价值观的大学形象塑造活动,加强大学内外尤其是内部的信息交流,变革调整大学的组织结构,重新安排各项工作的流程,从而形成师生员工自觉的意识和行为。

校园中的建筑空间及形态往往成为这个校园文化的标志,成为校园主体之间相互认同的重要依据。凭借这一物质标志,校园主体之间维持着一定的联系。贝聿铭认为,建筑设计有三点必须予以足够的重视:首先是建筑与其环境的结合;其次是空间与形式的处理;最后是为使用者着想,解决好功能问题。如同北京大学的博雅塔(图 6-1)、清华大学的大礼堂(图 6-2)成为外校人识别学校的标志。这些校园的建筑物和空间形式虽然不断地变化发展,但总有若干基本的成分较为稳定,持久地一代代传承下去,校园中的这些基本成分体现了其特有的历史沉淀和价值取向,这是由校园的地理条件及校园文化所决定的,是校园的特色所在。校园中的建筑物既是人们适应校园的工具,又属于校园的文化范畴。校园中的建筑物及其空间包含着一定的意义或象征,对校园中主体的行为与个性产生着潜移默化的影响,建筑师对建筑空间进行规划设计,实际上就是为校园主体营造校园空间的建筑文化环境(图6-3和图6-4)。

图6-1　北京大学博雅塔

图6-2　清华大学大礼堂

图6-3　延安大学窑洞广场

图6-4　西安交通大学校门

　　校园建筑形态与建筑群的组合则是形成校园肌理的重要内容,是决定校园风貌、特色的关键所在。黑川纪章认为,如果我们今天照搬过去的一种建筑语言"风格",自然就是复古,如果抄用其中的某些语言(构件),加以拼凑就会使建筑产生不协调、不伦不类的情况。但是,我们对一种语言(风格)进行深入地分析研究,选取其中有特色的语言"构件",再运用现代方式对之进行抽象、提高和再创造,这样搞出来的东西就不是复古的,而是尖锐的。

　　校园历史建筑环境的保护与延续对校园建筑形态产生的影响主要体现在以下两个方面。

　　(1)历史建筑的保护与更新。校园历史建筑是校园历史的外在表现形式,对历史建筑的保护与更新是延续校园文脉与文化环境的有效措施,历史建筑的形象已然成为校园的标志,为人们所熟悉,成为人们心中情感的依托。

　　(2)新旧建筑的协调。在景观文脉的可持续过程中还需要注意一些问题,如防止景观文脉的"异化"。景观文脉的可持续并不是说要使传统的景观文化全盘地得以持续,并不是为了景观文脉自身得以可持续,而是要使之与社会生活相应,以人为中心,以人为"本体",突出人本的思想。如果仅仅是以景观文化为目的,脱离"人"这个中心,就是一种"异化",是一种舍本逐末的做法。又如,针对当前世界景观"趋同化"的现象而产生过激的拒绝吸收外来景观文化的问题。总之,景观文化是一个维系人、自然与社会的复杂系统,它的可持续发展需要考虑系统内外多方面的因素,会有许多问题需要我们去注意、探讨与研究。

总之,校园规划应与校园文化建设同步进行,在这个过程中要注重校园历史文脉的发掘、校园特色点的放大,使校园的个性化意象模型得以建立。

4. 资源社会化原则

学校发展应该站在社会发展的角度,利用社会资源,积极寻求同社会力量一起兴办大学的途径,提高教育投资效率。随着大学的快速发展,大学积累了越来越多的教育、文体娱乐资源,这部分资源如果仅为校内学生服务,会带来整体社会资源分配不均,导致学校资源利用率下降。大学应该在不干扰校内正常的教学秩序的前提下,向社会开放体育设施,并向所在地群众提供文化和科技服务。

另外,就是“后勤社会化”。大学后勤服务纳入市场经济环境中,调动社会支援,由社会力量为学校承担和提供资源服务;同时将现有的学校资源转化为具有法人资格的经济实体,并逐步融入社会第三产业的服务体系中,形成资产多元化、经营服务多样化、企业化管理、市场化运作的后勤保障系统和服务体系。

在我国现阶段,根据各校后勤设施的建设地点、融资体系及管理方式的不同,大学资源保障设施社会化的途径大致可分为以下几种情况。

(1) 校内建设,社会管理。

(2) 学校土地入股,社会建设,社会管理。

(3) 校外建设,社会管理。

(4) 集中建设,社会管理,高校联办大学与协调社会力量办大学结合。

以北京、上海为代表的相当一些地区和大学进行了成功的探索,在城市的适当地点建设公寓区供学生使用,使为学生服务的后勤工作彻底社会化。在校园内的学生生活区因与教学区和教工生活区有紧密联系,它们的一些服务设施可以相互结合设置。

然而校外的学生生活区,与学校的距离远近不等,因而造成与校内教学区的关系较为松散,相对独立。它可以服务一所学校,也可以服务于多所学校,其配套设施相对比较完善,并具有较高的社会化生活程度。成都地区没有规划形成“大学城”的区域,各大学新校区分布比较分散,自然就没有形成服务于多所学校的学生公寓区,还是各个学校办各自的学生后勤服务,没有真正实现后勤“社会化”,只是各自成立了具有法人资格的后勤服务集团。

6.2.3　校园景观设计布局特征

20 世纪 20 年代初,我国高校的校园布局由于受欧美校园的影响,即强调轴线对称和以庭园、广场为中心的布局模式,我国很多高校的老校区都采用了这种布局方式,如清华大学、西北政法大学、四川大学等。20 世纪 50 年代初,校园的规划布局多模仿苏联规整式格局,即以教学主楼为正立面的教学区正对着学校大门,并以教学主楼或图书馆为中轴线的端点,两侧排布教学辅楼,在总体上形成规整对称的格局,在规划手法上,以道路作为功能区划分的界线,使建筑与建筑之间、建筑群与建筑群之间缺乏联系,如中山大学、兰州大学、西北农林科技大学北校区、西安交通大学等。到20世纪80年代校园布局多采用了自由布局的方式,其设计手法打破了以往强调平面和空间对称、工整的布置格局,充分利用已有的地形、地物条件,形成不拘一格的布局特色,校园建筑群体、单体形式多样,错落有致,如深圳大学、西安外国语大学、西安翻译学院等。

东南大学建筑系王建国教授强调,规划设计时应牢固树立生态和环境优先的理念,基地并不是绝对得越平越好,要善待基地中的植被。校园规划建设时要很好地注意利用特定的地形地貌和周边自然景观条件,形成整体布局的鲜明特色,如西安翻译学院校园规划就是结合自然山地地形进行自由布局。

校园规划设计应着眼于未来,应当研究我国大学教育现状及其发展要求。目前许多校园规划是打破建筑按系科布局的老习惯,采用公共系统布局。我国沈庄先生将校园总体布局和空间布局归纳成以下五个方面的特点。

(1) 形成以图书馆、讲堂群为中心,各学院建筑群环绕布置的格局。

(2) 重视汽车交通环境的影响。

(3) 重视环境景观艺术。

(4) 充分考虑今后发展和各部分之间联系方便。

(5) 向社会开放。

6.2.4　校园景观设计要点

1. 校园主体建筑体系

校园主体建筑体系是校园景观规划的主要构成部分,对校园景观规划的效果起决定作用。校园主体建筑体系规划应该注意校前区、校园中心区、开敞空间体系三个主方面的问题。

(1) 校前区。校前区就是大学校园"门内＋门外"的空间。这个环境空间一方面是展现大学面貌的标志性区域,另一方面也是校园学术文化氛围和社会商业服务集中融合的焦点界面,在组成形态和构成模式上有着独特的意义。它不仅包括大门建筑,还应包括大门前的机动车回车空间、停车场、传达室、邮件书报收发中心、来访接待室等设施,甚至还可以包括零售商店和设施,以及电话、ATM机、计算机导示演示设备、公交车站等配套设施。

在景观形象上,每个学校都希望自己有一个独具特色的入口,入口并非仅由大门的建筑设计决定,而应该由大门前的引导缓冲空间、大门建筑、周边环境、地面铺装、植物的配置以及透视到校园内部的景致共同决定和构成。较好的实例有美国斯坦福大学的出入口、上海同济大学校门、西安交通大学校门(图6-4)等。斯坦福大学的出入口由棕榈树形成引道,经过浓密的树荫之后进入一片开阔的草坪广场,与金黄色屋顶的房屋建筑相映衬,给人热情、活力的感觉,这样的校园环境让人无限向往。而同济大学以建筑闻名,其嘉定校区的大门体现了它的学术专长,高大的方形大门与两旁的建筑相得益彰,既是连接过渡,又是一种节奏变化,雄伟又不失简洁。

（2）校园中心区。校园中心区是一个学校不可或缺的空间中心。它通常是由师生公共使用的建筑，如图书馆、大礼堂、主教学楼、行政事务管理区等围合而成的广场空间，校区地域广阔的可能还会由数个建筑群形成特征不同的次要中心。这个区域对环境景观建设的要求比较高，围绕各种设施的户外空间所形成的环境和形态也是比较多样和精致的，既能满足很强的使用功能，又能体现大学校园的特色和魅力。

校园中心区应具备进行室外聚会和大规模公共活动的功能。清华老校园中心区——"红区"，以二校门、大礼堂、图书馆为轴线，以清华学堂、科学馆为东西两翼，环绕 100m×70m 的草坪广场构成了最具清华特色的景观。再如，西北农林科技大学新校区的规划设计中，校园中心区以图书馆为中心，紧临人工湖，以教学楼和行政楼为两翼，环抱东向的一片坡地，形成古式下沉剧场的特点，具有丰富高差的视觉感观，实为一处极富特色的环境景观（图 6-5）。

（3）开敞空间体系。开敞空间是体现校园外部空间质量的重要方面。一些建筑密度过高的校园就是由于缺少外部开敞空间而使校园魅力大打折扣。从校园的出入口或校园边缘到校园的建筑设施通常要经过一系列道路、广场及其周边外部空间，从不同规模的广场公共空间到自然开敞的绿地，从不同大小的半公共室外庭院到各建筑出入口附近的接待聚集空间，这就是开敞空间的层次和等级，校园景观规划应该根据具体情况制定不同的规划目标，并采用不同处理手法以形成多样的、分层次的、宜人的空间特征。开敞空间的丰富层次能为人们提供多种尺度和规模的外部空间，鼓励或刺激人们进行各种交往活动，活跃学习和生活气氛（图 6-6）。

图 6-5　校园中心区

图 6-6　校园开敞空间

2. 校园交通系统

校园交通系统是校园脉络，校园要求宁静，需要良好的交通秩序，校园道路交通以不干扰教学、生活为原则进行组织。

（1）校园道路规划原则的主要内容如下。

① 校园道路对外交通应与周围城市道路交通系统相协调，同时合理设置出入口和校前区来减少对周围的城市交通的干扰和影响。

② 校园道路要便捷通畅、结构清晰，符合人流及车流的规律，根据人车流量将道路等

级划分为主干道、次干道、步行道、校园小径。

③ 校园道路以人流为重点,规划安全、流畅的交通网络,校园道路以人车分流为原则来规划,以适应现代校园环境的使用要求。

④ 创造特征明显、环境优美的道路景观。校园道路系统中的步行道是由广场、建筑、绿地、构筑物、小品及照明设施等布置构成的步移景异的丰富多彩的环境空间。

⑤ 考虑道路、管网、绿化的远近期的综合规划,结合校园远期规划规模,道路、管网设施应留有发展余地,并进行立体规划,以取得科学合理的布局。

(2)校园道路规划的两点建议。

① 步行和自行车交通系统。步行和自行车交通是大学校园最主要的交通方式,需要很好地处理它们与机动车的区分和衔接。人流量大的主要路线应该足够宽敞,以适应学校人流在时间上相对集中的特点。通常情况下,林荫道是最受欢迎的(图 6-7),步行路的地面铺装和路边的绿化景观应该使人感到愉悦,而穿过绿地的小路与其事先铺设好,还不如根据行人踩出的足迹进行二次施工来确定。步行区内多设铺地并宜设步廊或架空走廊供师生滞留和全天候通行,可布置橱窗、展廊以交流各种信息,设置坐凳、台板供休憩交谈,点缀花坛、水池、雕塑以美化环境,诱人留步。

步行系统作为一种功能性的景观元素,具有实际的功能。直线道路象征高效、迅捷,校园教学区内部步行道是联系各教学楼、图书馆、实验楼之间的便捷通道,以高效、迅捷为目的,遵循两点最近距离原则。弯曲的流线型道路则给人以流动、悠闲之感,是观光、闲步的意象;校园内部休闲步道,校园内的游园、亭、廊、散步道及自然环境是师生放松和休闲的最佳场所;休闲步行道路在设计上是流线型,与两侧的地形、草地、岩石、树木及灌丛相结合,成为校园道路的有机组成(图 6-8)。

图 6-7　校园林荫道　　　　　　　　　　　　图 6-8　校园道路

对于自行车而言,许多学校普遍存在的问题是如何方便、安全、美观地停放车辆。一个好的思路是充分发挥地下和室内资源,多设停放点。许多高校的实践表明,室外停放点很难兼顾到方便、安全和美观等多个方面要求。

② 机动车及其停放系统。校区主干道规划时应对校区的主要人流、车流进行分析。一般在外围布置汽车车行道,校内车行道尽量不穿过中心区,而采用环形道,内部(尤其是教学区的中心部位)只布置步行道,从而组成人车分流、功能明确的道路系统,避免干扰教学区的使用。校园环形干路以宽 12~20m 为宜,连接校园主次出入口及功能区,环形干

路有利于疏散消防和满足地下管线的闭合要求。校园支路宽度以 8m 为宜,由环形主路呈枝状延伸到各功能区内部,校园次路原则上是禁止车行的,它是主干道与教学区、生活区、运动区联系的纽带,方便师生使用和满足完全疏散要求。

随着人们物质生活水平的提高,大学师生车辆明显增多,加上校园建设和物质供给都以机动车辆为运载工具,机动车对校园中步行活动的干扰越来越大,机动车的停放也成为令管理者头疼的问题。对此好的建议是:以设置路障的方式实行机动车管制,对机动车的活动范围和速度加以限制。停车场的位置应该与通达周围的步行道路有很好的衔接,并且步行时间在几分钟以内为宜。从景观的角度讲,机动车道路以及停车设施应该有清晰明确的标识系统,便于驾驶员定向,而停车场宜以绿化来遮阴和屏蔽,并且最好用植草砖地面来提供良好的生态环境,增加绿色面积,提升绿化效果(图 6-9)。

3. 校园植物景观系统

(1)校园植物规划的原则。校园绿化要以植物造景为主,即尽可能地多种植各类乔、灌木和地被植物,发挥植物的形体、线条、色彩等自然美,形成错落有序的多层次和多色彩的植物景观,配置成一幅幅美丽动人的画面,以最大限度发挥绿地的生态效益,实现校园环境、功能、经济、资源的优化,创造一个可持续发展的校园环境,让学生在校园生活中感受到自然的亲和与人文的魅力(图 6-10)。

图 6-9　停车场绿化　　　　　　　　　　图 6-10　校园植物造景

校园绿化规划一般采用“突出点,重视线,点、线、面相结合”的绿化系统,形成了“大面积”及“多样化”的园林绿化特点。

“点”是指建筑基础周围绿化、局部绿地等。校园校门、广场、图书馆前空间等景点是校区绿化的“重点”。其用地相对集中,空间开敞,内容丰富,景观多样,具有较高的园林艺术水平,可满足观赏、游憩活动等多项功能要求。

“线”是指沿主干道形成的带状绿化,校园道路是校园的骨架,对校园道路的绿化要予以高度重视,特别是主干道路网两侧的绿化美化,采用“高、中、低”三个层次,既要有“一路一树”的高大景观树,如栾树、七叶树、楝树、银杏等,又要有花灌木与耐荫花卉草坪地被,景观层次要丰富。校园各类功能建筑设施的环境绿化是整个校园绿化的基础,规划时既要考虑现代园林植物生态景观的营造,又充分体现校园的空间特性与多功能要求,校园绿化系统就是各个景点和建筑设施环境通过道路联系起来。

“面”是指在重点地块大片绿地,“多样”是指绿化方式、布置形式及树种的选择丰富多样。在大面积的生态绿化区以种植高大乔木为主,辅以各种植物群落,起改善小气候环境和创造优美景观的重要作用。沿校园道路种植有特色的行道树,并在边角地带布置灌木、花卉以及观赏性树种,与建筑小品及环境设施充分结合,形成宜人的校园环境。

通过对校园绿地系统进行具体比较分析,校园绿化设计原则可归纳总结为以下几方面。

① 围绕校园总体规划进行,与校园环境相统一,是总体规划的补充和完善。所以要因地制宜地进行绿化造景,尽量利用原有地形和地貌,根据基地实际情况适当进行改造。

② 以植物造景为主,做到"乔木、灌木和草本""慢生树种与速生树种""常绿与落叶""绿色与开花"等结合配置,适当配置珍贵稀有名花,丰富校园季相景观。根据植物的不同特性,尽可能创造更多的绿色空间。通过不同植物品种的配置,形成多色彩、多层次、生态型、花园式的校园环境景观,达到"春意早临花争艳,夏荫浓郁好乘凉,秋色多变看叶果,冬季苍翠不萧条"的景象。

③ 注重乡土树种的选择。选择植物应以当地乡土植物为主,并结合引种驯化成功的外地优良植物种类,或能够创造满足其生长要求的外地植物。

④ 注意植物的生态习性和种植方式。根据树冠大小选择适宜的空间。原则上教学楼前后不宜种植冠幅大、树形高的树种,以免影响教室光线;有特殊气味和分泌物的树种原则上不宜种植在学习区。

⑤ 按照校园的功能分区进行绿地系统规划,使各功能区形成各自的景观特色。注意环境的可容性、闭合性和依托感的氛围,通过环境的塑造,创造出多层次的空间供学生和教师学习、休息、运动。

⑥ 适当点缀园林小品丰富校园景观。园林小品对美化校园环境、提高校园品质有重大意义,园林小品包括亭、雕塑、喷泉、灯具和铺地等。

（2）校园绿化对校园景观有巨大的促进作用,具体内容如下。

① 校园绿化在城市中的地位。校园绿化是专属于学校使用的绿地,是独立于城市的封闭系统。但由于学校占地面积较大（从几公顷到十几公顷,甚至数十公顷）,绿化所占比例一般也比较大,因而对其周边环境及景观的影响也很明显。它属于城市园林绿地系统中"面"的部分,与城市绿地系统中其他部分一起发挥着绿化所特有的美化、净化、改善环境和保护环境的作用。

② 校园绿化特有的功能。绿化具有遮阳、隔声、改善小气候、净化空气、防风、防尘、杀菌等物质功能,还具有美化环境、分隔空间、提供消闲场所等精神功能。这是人们熟知的绿化的一般功能。对于校园绿地,其精神功能方面则有着更加特殊的意义。尤其是高校属于大型教育机构,人口密集,师生绝大多数属于常住人口,社区文化层次高,青年学生是构成校园各种生活活动的主体。除了教室、寝室、食堂、图书馆等室内学习、休息、用餐和各种娱乐活动空间外,课余时间他们也需要到室外空间从事各种体育活动、休息、游戏、散步、交流思想等,能够为这些活动提供最佳场所的便是校园绿地和与之相结合的场地。而园林绿地能否最大限度地发挥其应有的功能作用,是与园林绿地的布局和设施内容的安排分不开的。

③ 校园绿化的美化效应。构成校园环境的主体是建筑,而绿化是衬托建筑美的物质要素。建筑与绿化相结合形成的优美的室外空间会使人感到自然、和谐并感受到大自然美的情调,直接影响师生的精神面貌。环境上的差异会给人带来不同的感受,从而影响人的情绪,进而影响人的动机和行为。例如,杂乱无章、嘈杂混乱的环境会使人产生烦躁不安的感觉;风吹尘起、没有绿化的空地则会使人感到孤独和悲观。相反,幽静的一池清水、绿色茂盛的草坪、鲜艳多彩的花坛、茂密的树荫,再配以精致的园林小品诸如花架、长廊,则会让人精神振奋,流连忘返。这样的校园环境能够使师生在紧张的工作和学习之余,得到充分的调节和放松,以更饱满的热情和充沛的精力汲取新的知识(图 6-11 和图 6-12)。

图 6-11　校园绿化

图 6-12　校园广场绿地

④ 绿化分隔空间的效应。因为学校是以教育设施为主体,各种配套设施较为齐全的组织机构,所以校园不同使用性质的建筑群体构成了不同的功能分区。学校主要有教学办公区、学生宿舍生活区、娱乐活动区、后勤管理以及家属住宅区等。为了使这些活动空间之间保持各自领域的独立完整性,既互不干扰,又有相关联系,最好是以绿化的方式来组织过渡空间。因为运用绿色植物的不同配置可以形成隔而不断的软质空间,既衬托出建筑群的形体美,又能起到很好的分隔和联系的作用,这是非其他材料可比的。

通过绿化分隔空间,在校园绿地中能够形成各种不同的环境场所,如室外学习和交往的场所、游戏和休息场所等。在学校的教室、图书馆、宿舍、俱乐部等室内公共空间内,学生的个人行为要服从集体的要求,从时间和空间上都有很强的规定性,因此他们也需要一定的放松神经、消除疲劳的过程。例如,需要在课余时间按个人意愿从事独自的学习和休息的机会,晨读、谈心、交流、思考都需要有一定的私密性,有一个独自的领域空间。而高低错落、疏密有致的植物分隔出来的一个个限定空间便具有这种属性,尤其是在绿地中配以亭廊、花架、座椅等可观赏又可休息的设施具有很强的吸引力和分隔组织空间的作用(图 6-13)。由绿化分隔并配合各种游憩设施所形成的休闲场所最具环境效益和实用功能。

⑤ 绿化的文教功能。校园绿地不仅能形成场所和给人以美感,还由于其内容形式的多样化,可以让学生增长知识,提高文化艺术素养。一具雕塑,一堆叠石,一棵姿态独特的树木都可能使人产生不同的感受(图 6-14)。尤其是具有纪念意义的碑、亭、雕塑给人的

感受更深。例如,上海同济大学的"一二·九"纪念园,通过精心的艺术布局,雕塑、广场、水池、栏杆等在有限的空间中以适当的尺度,有层次的布置,在以深绿色茂密的松柏为基调的绿化环境中,形成一种安然、静谧、庄严肃穆的气氛。使人在游憩之中情不自禁地缅怀革命英烈,敬仰之情油然而生,激发一种爱国热情和奋发向上的精神。当然,绿地未必都必须有主题和文化,但千姿百态的树木花草配置得当,同样可以给人以美的享受,使师生们游憩于公园般的校园绿地中,能够感受到大自然生机勃勃、和谐美满,领悟到人类与自然不可分割的依存关系。总之,校园绿地的功能是多方面的,但其功能多样性的发挥程度随着绿地规划布局的形态、设施的内容、质量等多方面因素而存在着差别。

图 6-13 花架长廊

图 6-14 东南大学校园大鼎

4. 校园文物和纪念物规划

在高校校园中,有价值的建筑和纪念物是讲述校史、弘扬学校精神的生动教材,应该统一规划保护。例如,云南大学正门会泽院、云南师范大学"一二一"运动纪念堂等(图 6-15和图 6-16)。而一些校友和毕业生捐赠的纪念物品(放置室外的部分)也应该有一个规划,虽然可能只是一块刻字的地砖或一个雕塑,但得体的摆放位置和适宜的环境衬托会使它们散发出人文精神的光彩。

图 6-15 云南大学会泽院

图 6-16 云南师范大学"一二一"运动纪念堂

总之,大学校园景观设计作为全面发展校园环境的重要组成部分,不仅在美化校园,传承文化方面有着重要意义,还在形成学生完美人格,树立正确的价值观和人生观,促进大学生身心健康、和谐发展等方面,发挥着重要作用。

6.3 项目任务

6.3.1 任务一：校园景观实地调查

1. 调查目的

通过对某学校景观环境的实地调查和分析，结合理论知识，进一步理解校园景观设计的原理和总体布局特征，理解"以人为本"在景观设计中的运用，构建对校园规划设计的整体框架，初步形成自己的设计体系。

2. 调查要求

选择景观设计有一定规模和质量的学校进行参观，根据自己的调查记录其内容，并绘制环境平面草图和有代表性的建筑、小品等细节的效果图，做出相关分析，针对不足之处可提出自己的改造建议或意见。

调查时，可 3～5 人一组，集体调查和探讨，但须独立完成调查报告。汇报时以小组通过演示文稿的形式进行演示。

3. 调查方式

调查方式包括拍照、测量、咨询、查阅资料、整理统计分析。

4. 调查内容

调查内容详见表 6-1，如实填写。

表 6-1 调查内容表

调 查 内 容

一、基本信息

(1) 调查的校园名称。

(2) 校园基本概况(包括校园面积、学校性质、在校人数、所处地段以及周边环境等)。

二、调查结果

(1) 景观规模是(　　　　)。

    A. 大型　　　　　　B. 中型　　　　　　C. 小型

(2) 对该景观的视觉效果和使用质量是否满意?(　　　　)

    A. 满意　　　　　　B. 一般　　　　　　C. 不满意

原因：_____

(3) 景观设计是否具有该校学科的专业特色和人文特色?

(4) 校园校前区的处理手段有哪些?

(5) 校园建筑的布局特点是什么? 请选择主体建筑绘制其平面示意图和效果图。

(6) 校园的道路标准(测量该校园的主路、支路以及游园园路的宽度)。园路路面的铺装形式有哪些?

(7) 如何进行功能分区? 请在平面示意图中示意。是否考虑学生和教师的使用要求? 有哪些特点?

(8) 提供了哪些相应的活动场所?

(9) 如何考虑人流、车流的组织? 请在平面示意图中示意。

(10) 校园主栽植物有哪些？其中乔木、灌木、草本植物分别至少列出 3 种。该环境的植物种植方式有哪些？

(11) 根据调查内容列出该校园 15 种以上植物的最佳观赏季节和观赏部位。

(12) 校园中是否存有古建筑、纪念物和古树名木？如果有，其保护和更新的措施是什么？

(13) 该校园园林建筑和小品的种类有哪些？其布局、色彩以及比例是否合理和均衡？请举两三例说明并在平面示意图中示意。

三、分析与改造建议

针对以上调查报告的调查内容，结合校园景观的美化性、文化性、生态性与安全性等方面，你认为该环境的最大特点是什么？还有哪些不足之处？如何进行进一步改造？

6.3.2 任务二：某校园景观规划设计

1. 项目设计任务书

设计要求：某高校生活区内拟建一绿地（面积为 $2000\,\mathrm{m}^2$），供学生使用，要求有休息、散步等相关配套设施，教师可以根据本地实际情况提供地形图或假定周边环境，学生根据自己对地块的理解进行设计构思。

2. 学生课程时间安排

第 1 周：草图设计阶段。

第 2 周：教师修改，学生深化内容，绘制图纸。

第 3 周：提交作业，课堂点评。

3. 图纸内容及绘图要求

(1) 图纸规格：A2 幅面，手绘。

(2) 图纸内容：总平面图，主要立面图、剖面图及效果图各一个，设计说明。

4. 评分标准

(1) 绿地的设计与周边环境相协调。

(2) 合理安排场地内的道路，设施等小品设置合理，功能分区明确。

(3) 注重总体布局构图的美观，在空间上形成一定的序列与层次。

(4) 图纸表达清晰，主题明确。

6.4 案例学习：悉尼科技大学校园绿地景观设计

悉尼科技大学校园绿地是悉尼科技大学主校区最为重要的公共开放空间。悉尼科技大学因其 20 世纪 60 年代的"野兽派风格"高楼而闻名，而高楼也是该校园的核心建筑之一，但在这里，学生在绿色景观空间学习及社交的机会却较为有限。因此，全新的绿化空间提供了社交、学习及充分享受校园生活的独特体验机会。本项目的设计提供了各类社交设施，创造了多种吸引人们聚集于此的机会，从而打造出具有幸福感的场所（图 6-17 至图 6-19）。

图 6-17　绿化边缘与休憩结合

图 6-18　中央大草坪

(a)　　　　　　　　　　　　　　(b)

图 6-19　休憩空间

　　2012年7月,澳派景观设计工作室赢得了悉尼科技大学新校园绿地的公开设计竞赛。竞赛后,在校方的邀请之下,澳派景观设计工作室开展深化设计工作。新校园绿地建成之时,全新的理学院和卫生研究生院及图书检索楼也已建成。校园绿地的设计将这三个项目紧紧相连,并为周边之后的新项目设定方向、建立新的标准。

　　根据竞赛中所提供的任务书,悉尼科技大学校园绿地区域对打造"吸引人停留的校园"有着重要意义,这是当初校园总体规划中反复提及的关键原则。

　　校园绿地的规划是以具有强烈特色的概念设计分析为主导,并体现在规划和设计过程中所出现的每项设计改动决策之中。为了呼应当年校园总体规划的远景——打造出"吸引人停留的校园",澳派景观设计工作室将场地划分为三部分:中心绿地、中心广场和惬意花园。每个部分的位置选址都经过了精心安排,全面考虑了场地朝向、光照、流线、场地功能及周边建筑开发计划情况等(图6-20)。

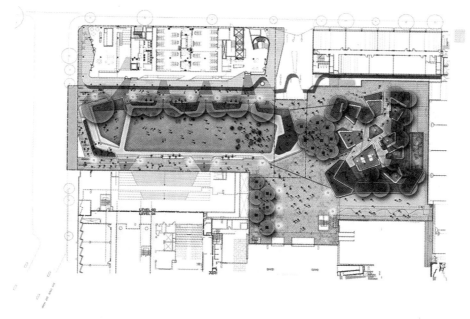

图 6-20　总平面图

　　中心广场绿地是一处广阔的、抬高的大草坪,可以用来举办特殊节日活动,又可供人们进行日常休闲聚会。大草坪的边界有很多极具特色的座椅,人们可在这里短暂休息(图6-21)。

　　中心广场则为学生和访客提供了一处典礼聚会场所(图6-22)。

　　惬意花园是一个美丽的小聚会空间,种有郁郁葱葱的植物,为一系列相连的休憩场地提供了林荫遮蔽。每个休憩场地都设有各类便利设施,如桌子、可移动座椅、笔记本的电源插座、烧烤设备以及乒乓球桌(图6-23)。

　　新的校园公共空间功能丰富,很好地满足了人们在不同时间段举办各类活动的需求。个人或群体无论是举行典礼仪式还是举办庆祝活动,都可以在这里开展活动。这些空间的设计就是为了满足不同类型活动的需求,如入学咨询、迎新会、音乐会、露天影院、花园

图 6-21 中心广场绿地

图 6-22 典礼聚会场所

聚会、烧烤或其他联合庆典和活动等。

整个设计将具有多功能用途的元素作为其概念主导,并通过在每个区域的边界设计休息和聚会场地,将人类舒适度放在首位,实现创建"吸引人停留的校园"的目标。

本项目的绿地空间建于悉尼科技大学中央图书馆之上。这一全新的校园公共中心区域向人们展示了绿化基础设施、城市绿化及场所营造的魅力与益处。校园还免费提供座椅和景观小品及家具,并进行场所管理,从而营造出舒适的高品质环境,倡导社交生活、提供更好的学生日常生活体验(图 6-24)。

图 6-23　惬意花园

(a)　　　　　　　　　　　　　　　(b)

图 6-24　座椅及景观小品

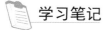　学习笔记

第 7 章　城市广场景观设计

7.1　学习目标

　　识别城市广场的类别及功能,了解城市广场景观设计的相关要素,能较为准确地配置绿化及相应特点水景,熟练运用广场景观设计的要点进行广场景观设计。

7.2　学习内容

7.2.1　城市广场设计基础知识

　　在人类的历史上,人们最初过着巢居、穴居的生活,随着生产方式的进步,慢慢开始聚居生活,产生了固定居住的村落。这些村落通常布局呈环形,中间空地作为公共活动的空间,人们在这里举行宗教仪式、氏族会议、节日庆祝、祭祀等活动,图 7-1 所示为陕西临潼姜寨村落遗址,这种空地被看作最原始的广场形式。由此可见,广场从开始就是为人们的公共活动而产生的,它在一定程度上反映了人类生存方式的特征,是人们生活环境不可缺少的一部分。

图 7-1　陕西临潼姜寨村落遗址

"广场"一词最早出现在古希腊。这个词表示两种"集中"的意思,第一种表示人群的集中,第二种表示人群集中的地方。

随着时代的发展,人们对广场的认识越来越全面、深刻。我们尝试从内容、构成方式、使用方式和内涵四方面对城市广场进行定义(图7-2所示为圣马可广场,图7-3所示为巴塞罗那北站广场)。

(1)满足多种城市社会生活,提供人们特定活动的开放空间。

(2)由建筑、道路、山水等围合而成的公共活动场地,具有公共性、开放性、永久性。

(3)由多种软、硬质景观构成,采用步行交通手段。

(4)具有一定的主题思想和文化内涵。

图7-2 圣马可广场

图7-3 巴塞罗那北站广场

7.2.2 城市广场分类及特点

按照广场的主要功能、用途及在城市交通系统中所处的位置分类,城市广场可分为集会游行广场(包括市政广场、纪念性广场、生活广场、文化广场、游憩广场)、交通广场、商业广场等。但这种分类是相对的,现实中每一类广场都或多或少具备其他类型广场的某些功能。因此,城市广场的分类从一定程度上描述了广场的功能。

1. 市政广场

市政广场一般修建在市政府和城市行政中心区域,是政治集会、各类庆典、传统节目演出等活动的场所。广场应具有良好的可达性及流通性,同时与城市主要干道连接,以满足大量密集人流的集散,如图7-4所示的天安门广场。

广场上的主体建筑物是室内的集会空间,是室外广场空间序列的对景。建筑群一般呈对称布局,加强整体庄严稳重的效果,标志性建筑亦位于轴线上,广场不宜布置过多的娱乐设施。

广场地面铺装以硬地铺装为主,广场四周布置行道树,广场内部进行适当的种植绿化,多以装饰花坛为主。

图 7-4　天安门广场

2. 纪念性广场

纪念性广场主要是为缅怀历史事件和历史人物而修建的。广场主体标志物(纪念雕塑、纪念碑、纪念物或纪念性建筑)位于广场中心或视觉中心(图 7-5)。

图 7-5　五四纪念碑

纪念性广场要突出主题,让人在相应环境中得到感化,加强对所纪念的对象的认识,产生更大的社会效益。因此,主题纪念物尤为重要,可以根据纪念主题和场地的大小来选择纪念物的大小尺度、设计手法、表现形式、材料、质感等。形象鲜明、刻画生动的纪念主体将大大加强整个广场的纪念效果。

3. 生活广场

生活广场主要为市民提供良好的户外活动空间,一般位于住宅区内部或住宅周边,满足人们工作、学习之余的活动。这类广场可以园林绿化为主,也可以是活动健身的场所。如图7-6和图7-7所示的小区广场,广场形式自由,灵活多样。

图7-6 小区中心广场　　　　　　　　　图7-7 小区商业广场

4. 文化广场

在现代城市建设中,越来越多的人热衷于到一些具有文化内涵的室外公共场所,缓解工作之余的精神压力和疲劳,如图7-8所示的上海人民广场既有良好的生态环境,同时位于博物馆周边,又具有良好的文化内涵;如图7-9和图7-10所示的美国爱悦广场的不规则台地,是自然等高线的简化,广场上休息廊的不规则屋顶来自对落基山山脊线的印象,喷泉的水流轨迹是反复研究加州席尔拉山山间溪流的结果。

图7-8 上海人民广场

图 7-9　美国爱悦广场（一）

图 7-10　美国爱悦广场（二）

5. 游憩广场

游憩广场以休息娱乐为主，供人们休息、游玩、演出及举行各种娱乐活动。广场中布置台阶、座椅等供人们休息，设置喷泉、雕塑、花坛以及其他小品设施供人们观赏和使用。

广场平面布局形式灵活多样，可以是无中心的、片断式的，即每一个小空间围绕一个主题，而整体无明确主题，只是向人们提供了一个休息、游玩的场所。因此，广场无论面积大小，其空间形态、小品设施都要符合人的环境行为规律及人体尺度，才能使人乐于其中。如图 7-11 所示的美国演讲堂前庭广场是波特兰系列广场设计的高潮。在混凝土块组成的方形广场的上方，一连串的清澈水流自峭壁上笔直泻下，汇集到下方的水池中。广场的安全性曾被质疑，但设计师对细节的考虑非常周到，事实也证明，这个地方并不像它看上去的那样危险。广场在落成之初，几乎成为年轻的嬉皮士们冒险的场所，许多市民因此对广场的设计提出异议。不过，随着年轻人的热情逐渐消退，更多的各个年龄层次的公众从喷泉广场中受益。这些设施有相当高的利用频率，有很多趣味。在瀑布背景前的水池上有一些平台，这些平台不仅是观赏的场所，而且创造了其他的活动。

图 7-11　演讲堂前庭广场

6. 交通广场

交通广场主要起到交通、集散、联系、过渡及停车作用，并合理进行交通组织。交通广场有两类，一类是城市多种交通会合转换处的广场，如火车站、汽车站前广场；另一类是城市多条干道交会处形成的交通广场。

交通广场一般人流、车流比较集中,要避免人车相互干扰,合理组织交通,规划布局停车场等,必要时设置天桥和地下通道(图7-12)。

7. 商业广场

商业广场是用于集市贸易和购物活动的广场。商业广场中以步行环境为主,内外建筑空间应相互渗透,商业活动区应相对集中。

随着城市商业街、商业区的大型化、综合化的发展,越来越多地趋向于把商业活动、绿化、游览、餐饮、休闲娱乐活动集中布置于广场上,满足人们的多种活动需求,从而使商业广场成为有魅力的"城市客厅",富有吸引力和充满生机。在具体设计时,可以把商业广场布置在商业步行区一端,利用广场把商业区与文化中心联结起来,赋予广场更多的文化魅力。如图7-13所示,上海南京路景观规划突出体现南京路历史文化内涵与现代时尚气息。

图 7-12 西安南门广场

图 7-13 上海南京路商业步行街

7.2.3 城市广场景观规划设计的原则

1. 生态性原则

现在,我们都在提倡生态、环保,建立可持续发展的生态体系,具体来说就是要遵循生态规律——生态进化规律、生态经济规律、生态平衡规律,因地制宜,合理布局。那么在广场规划设计中,应该摒弃只注重硬质景观效果的大而空的设计,更多关注软质景观在设计中的作用,从城市生态环境整体出发,创造优美、舒适的可持续发展的环境体系。

(1)引用中国传统造园手法。"源于自然,高于自然",尽可能在特定的环境条件下,使自然生态环境和后期景观特点相适应,也就是以顺应自然的态势造景,使人们在有限的空间中体会到自然带来的无限自由、清新和愉悦。

(2)强调广场环境生态的合理性。设计时,既要考虑阳光充分,绿化面积充足,为市民的活动提供宜人场所,又要做好微气候调节,减少环境压力。城市小气候设计是城市生态问题的重要方面,通过改变环境物理条件,提高公共空间的舒适度。

具体措施:在寒冷地区,为达到节能的目的,广场植物尽量选择落叶和常绿搭配,保证冬季阳光充足,夏季遮阳庇荫;广场积极利用地上和地下空间,能够提供全天候服务;

可增大植被面积,扩大水面,利用自然因素创造有利的微气候条件。达拉斯联合银行大厦广场,在设计时,考虑当地气候炎热,利用水和树结合的设计,让行走于广场中的人们感觉如同穿行于森林沼泽地(图 7-14 和图 7-15)。

图 7-14　达拉斯联合银行大厦广场(一)　　　　图 7-15　达拉斯联合银行大厦广场(二)

2. 多样性原则

现代城市广场正在向综合性发展,功能上更强调多样化,满足所有人群在公共空间中的活动要求。

广场使用的多样性包含的社会生活多种多样,可以在广场中进行集会、观演等大众参与的活动,还可以进行休息、交谈等较私密性活动,这类活动中人的行为包括人和人的交流、人和环境之间的交流。在人们需要独处或观赏广场景观时,需要相对较私密的空间,这时就要求我们在设计中对空间的把握更加细腻。如图 7-16 所示的洛杉矶珀欣广场,广场空间变化丰富,同时又考虑洛杉矶城市多民族聚居的历史特点。

图 7-16　洛杉矶珀欣广场

广场使用的多样性还有另一方面的原因,就是人参与其中的随意性。衡量城市公共空间好坏的标准之一就是人的参与程度,而人对开放空间的参与是随机和随意的,这就要求广场能提供更多使人参与其中的物质线索,路径上可达是方法之一,但其本质还在于人与环境的融洽程度。

多样性原则还表现为广场形态的多样化,传统广场大多数都是平面型广场,如郑州绿城广场。这类广场空间在垂直方向无变化或甚少变化,处于相近的水平层面,与城市道路交通平面连接,交通组织便捷,施工技术要求低,经济代价相对较小。为了增强层次感和戏剧性的景观特色,现代平面型城市广场大多利用局部小尺度高差变化和构成要素变异使平铺直叙变为错落有致,开敞广阔变为曲折张弛,事实上城市广场已经在向立体化发展,这类广场利用空间形态的变化通过垂直交通系统将不同水平层面的活动场所串联为整体,打破了以往只在一个平面上做文章的概念,上升、下沉和地面层相互穿插组合,构成一幅既有仰视又有俯瞰的垂直景观,具有点、线、面相结合,以及层次性和戏剧性的特点。这种立体空间广场可以提供相对安静舒适的环境,又可以充分利用空间变化,获得丰富活泼的城市景观。通常它可分为下沉式广场、上升式广场以及上升、下沉相结合的立体广场。巴西圣保罗市的安汉根班广场的重建,就是把已被交通占据的广场建在交通隧道以上的上升式绿化广场,给这一地区重新注入了绿色的活力(图 7-17)。

(a) 上升式绿化广场

(b) 下沉式绿化广场

图 7-17 巴西圣保罗市的安汉根班广场

3. 地方特色性原则

广场地方特色性原则是指要突出城市广场的个性,广场的空间划分、植物种植、铺装形式、小品布置等都要结合该地区风俗文化及地理特征,从而体现地方特色。

城市广场应突出其地方社会特色,即人文特性和历史特性。城市广场建设应继承城市当地的历史文脉,适应地方风情、民俗文化,突出地方建筑艺术特色,使其有利于开展地方特色的民间活动,避免千篇一律、千城一面,增强广场的凝聚力和城市的吸引力。广场文化在城市广场中成为重要的内容。广场文化是在广场这个特定的空间里呈现出的文化现象及其本身蕴涵的文化特质,文化气息浓厚的广场建筑、雕塑和配套设施等为广场文化挖掘出更为深远的意义。这些广场文化都是显示城市广场个性的具象,各城市区域风俗文化的表现也是广场文化最突出的一种形式。如图 7-18 所示,大雁塔北广场规模宏大,主题景观为水景喷泉,整个广场以大雁塔为中心轴三等分,中央为主景水道,左右两侧分别设置"唐诗园林区""法相花坛区""禅修林树区"等景观,南端设置有观景平台,周围有旅游商贸设施。音乐喷泉位于广场中轴线上,南北最长约350m,东西最宽处约110m,分为百米瀑布水池、八级叠水池及前端音乐水池三个区域,表演时喷泉样式多变,夜晚在灯光的映照下更显多姿。围绕喷泉还有不少细致的小景观,如北广场入口处的大唐盛世书卷铜雕,其后的万佛灯塔和大唐文化柱,旁边的大唐精英人物雕塑群,还有地面铺装的地景浮雕,具有中国美术特色的"诗书画印"雕塑等,甚至灯箱、石栏等建筑上都题有著名诗篇。

世博园非洲广场的设计,就是挖掘地方文化的资源,展示地区文化的风采,突出民族文化的地域性,综合这些因素才能突出城市广场的个性,运用历史建筑符号来表现城市历史延续的隐喻手法成了时髦的设计技巧,这些经过加工的符号流露着历史建筑的某些特征,往往引起人们的思考和联想,同时又表现出现代社会的一些风貌。同时,在广场的空间里举行各种有益于健康的主题活动,着眼于解决居民的真实情感和实际需要问题,使广场充满生机活力,从而引导不同层次的群众走进广场,使广场具有积极向上的力量(图7-19)。

图 7-18 大雁塔北广场

图 7-19 世博园非洲广场

城市广场设计应该突出地方自然特色,设计时要考虑各个要素适应该地区地形地貌和温度等;强化地理特征,尽可能采用本地特色的建筑艺术手法和建筑材料,体现地方山水园林特色,以适应当地气候条件。

杭州歌剧院前广场特定的形式使歌剧院前广场具有充实的文化内涵,为整个广场赋予了思想和灵魂,使歌剧院前广场具有强烈的艺术特色(图7-20)。

图 7-20 杭州歌剧院前广场

4. 与周边环境协调性原则

城市广场应按照城市总体规划确定的性质、功能和用地范围,结合交通特征、地形、自然环境等进行广场设计,同时处理好紧邻道路及主要建筑物出入口衔接,以及和周围建筑物协调,注意广场的艺术风貌。

注意与周围建筑的协调统一。图 7-21 所示的罗马市政广场是广场与建筑环境完美结合的典范。

图 7-21　罗马市政广场

城市广场要与周边道路协调、统一,这是构成广场环境质量的重要因素。

7.2.4　城市广场景观规划设计的要点

1. 广场尺度与规模

广场空间尺度的处理恰当与否,是空间设计成败的关键之一,而且难度较大。以前已提到过,如果孤立地在图纸上或模型上琢磨尺度并不容易取得成功。

所谓城市广场空间尺度,主要指空间与实体的尺度关系(如广场大小与周围建筑高度的比例)。意大利罗马市政广场就是广场尺度关系合理的典型代表。卡米洛·希泰在总结欧洲广场设计的手法中提出,广场宽度的最小尺寸等于建筑高度,最大尺寸为建筑高度的两倍。

尺度影响人的感觉。俗话说"远亲不如近邻",说明距离对人的感情、行为的影响。感觉与距离有直接关系。根据人的生理、心理反应,如果两个人处于 1～2m 的距离,可以产生亲切的感觉。两人相距约 12m 能看清对方的面部表情;相距 25m,能认清对方是谁;相距约 120m,仍能辨认对方身体的姿态;相距约 1200m 只能看得见对方。所以说距离越短亲切感越强,距离越长越疏远,以致相互在视野中消失。

日本芦原义信曾提出在外部空间设计中,采用 20～25m 的模数。他认为:"关于外部空间,实际走走看就很清楚,每 20～25m,或是有重复的节奏感,或是材质有变化,或是地面高差有变化,那么即使在大空间里也可以打破其单调,有时会一下子生动起来。"

对若干城市空间的亲身体验也说明,20m 左右是一个令人感到舒适亲切的尺度。当然 10m 或更小于 10m 会感到更加亲切。但如果再增大距离,就有被疏远排斥的感觉。

在现代广场规模尺度探索中,功能和作用这两要素已被社会广泛认可,从已经建成和正在修建的城市广场来看,城市广场的规模似乎越做越大。广场的规模即广场的大小,应从两个方面来考虑:①广场的最小规模,即广场至少达到多大规模才能具备城市广场应该具备的内容和意义;②广场的最大规模,即广场在达到多大规模后,如果再增大会降低其综合效益。从生态效益角度来看,绿化面积对环境起积极作用的面积要大于 500m^2,所以从增大城市绿地面积、发挥生态效益角度出发,广场最小规模至少应该达到 0.5~1 公顷。相反,广场的最大规模应该是多少呢?在现实生活中经常看到一些大广场,由于规模过于庞大,在空间感受上会让人觉得空旷、冷漠、不亲切。日本的芦原义信在《外部空间设计》一书中提出"十分之一"理论,即外部空间可以采用内部空间尺寸 8~10 倍的尺度,并由此推断出外部空间的宜人尺度应该控制在约 $57.6\text{m} \times 144\text{m}$,与欧洲大型广场的平均尺寸大体上是一致的。

另外,我国对于城市广场还有具体规范上的大小要求,2004 年 2 月建设部、国家发展和改革委员会、国土资源部、财政部四部委联合下发通知,要求对城市广场、道路建设规划进行规范:各地建设城市游憩集会广场的规模,原则上,小城市和小城镇不得超过 1 公顷,中等城市不得超过 2 公顷,大城市不得超过 3 公顷,人口规模在 200 万以上的特大城市不得超过 5 公顷;在数量与布局上,也要符合城市总体规划与人均绿地规范等要求;建设城市游憩集会广场要根据城市环境、景观的需要,保证有一定的绿地;拟建设的游憩集会广场,不符合上述规定标准的,要修改设计,控制在规定标准内。

通过上面综合分析可以得出,在城市广场建设时应从当前的社会需要和可能出发,结合旧城改造、公共建筑及商业文化建筑分布,依据具体情况建一些小广场和小广场群,这样资金投入少,利用率高,而且有利于创造城市空间品质。

2. 广场空间形态

广场是有限定的空间,限定空间形态的要素具体分为以下几种:广场的功能、周围建筑的体形组合与绿地环境、街道与广场的关系、广场的围合程度与方式、广场的几何形式与尺度、主体建筑物与广场的关系以及主体标志物与广场的关系等。

1) 空间界面

广场的功能所限定的空间形态主要从广场的基本定位来说,也就是平时所说的市政广场、纪念广场与休闲娱乐性质的广场,在设计时空间形态存在很大差别。

空间界面既是围合广场空间的要素,又是广场的边界,可划分为硬质边界(建筑物)和软质边界(非建筑物),如建筑对广场起强限定作用、绿化起弱限定作用等。建筑物及绿化对广场的作用表现在三方面:①通过围合限定广场的空间形式;②建筑物、绿化边界成为广场环境的主要观赏内容,并通过其界面的虚化形成"灰空间"参与到广场空间中;③形成标志和丰富的空间层次。

广场竖向界面处理时,底面设计也是常用的手段,底面不仅为人们提供活动的场所,而且通过竖向界面可以划分出多样化的空间,还可以限定空间、标志空间、增强识别性,也可以通过底面处理改变尺度感,或通过一块底面的处理来使室外空间与实体相互渗透。

　　广场底面的升高与降低是设计的手段之一。著名的罗马西班牙大台阶,不只是城市不同标高地面之间联系的通道,而且是城市生活的一座大舞台。现代城市广场中台阶、平台和斜坡的采用已不完全是出于地形的需要,而是作为创造广场空间的重要手段。随着城市地上及地下空间的开发利用,城市广场底面升或降的处理也采用得越来越多,如纽约洛克菲勒中心广场。

　　2)空间围合

　　对于城市空间这种没有屋顶的室外"房间"来说,围合可以说是从三维空间六面围合变为二维层面上的围合。具体包括一面围合广场、两面围合广场、三面围合广场、四面围合广场。

　　对于这四种围合空间,一面围合广场的封闭性最差,在设计时,如果场地规模较大可以考虑二次空间,如局部抬升或下沉。

　　两面围合广场的空间限定较弱,一般位于大型建筑与道路转角处,其空间具有延伸和枢纽作用,有一定的流动性。

　　三面围合广场的围合感较强,也是平时较常用的一种围合空间形态,具有一定的方向性和向心性。以小品、绿化等形成限定元素。在这类空间中,人们既可以欣赏围合空间内部的景观,又可以欣赏围合界面以外的开阔景色。

　　四面围合广场的围合感极强,具有强烈的内聚力,古代很多广场都采用这种空间形态,具有良好的封闭性(图7-22)。

图7-22　四面围合的广场

　　这类围合广场空间周围的围合界面要有连续感和协调感,在广场空间中应易于组织主体建筑。

120 ▎景观设计

同时还要注意,广场的空间尺度与围合界面的高度,当广场面积过大,周围建筑高度过小,就容易造成围合界面与地面的分离,难以形成封闭的空间。具体如下:如实体的高度为 H,观看者与实体的距离为 D,在 H 与 D 的比值不同的情况下可以得到以下不同的视觉效应。

① 当人与建筑物的距离与建筑立面高度的比值为 1∶1 时,水平视线与檐口夹角为 45°,产生良好的封闭感。

② 当人与建筑物的距离与建筑立面高度的比值为 2∶1 时,水平视线与檐口夹角为 30°,这是创造封闭性空间的极限。

③ 当人与建筑物的距离与建筑立面高度的比值为 3∶1 时,水平视线与檐口夹角为 18°,这时高于围合界面后侧的建筑成为组织空间的一部分。

④ 当人与建筑物的距离与建筑立面高度的比值为 4∶1 时,水平视线与檐口夹角为 14°,这时空间的围合感消失,空间周围的建筑立面如同平面的边缘,起不到围合作用。

空间的封闭感还与围合界面的连续性有关。从整体来看,如果垂直面之间有太多的开口,或立面的剧烈变化或檐口线的突变等,都会减弱外部空间的封闭感。总体来说,三面、四面围合是最传统的、最常用的广场布局形式,它们封闭感较好,有较强的领域感;一面、两面围合空间相对开放,设计时应根据需要选择合适的广场空间或多种空间形式结合起来使用。

根据人们的年龄、兴趣、不同文化层次来划分广场空间,形成不同领域,最大限度地满足人们生活需要,这是现代广场设计的目标。在划分时,一般采用一个集中的大空间占主导地位,若干小空间为辅,并形成相互间联系的空间体系。另外,还要注意广场边界效应,广场四周的边界是公共活动的密集区域,人们滞留期间又作为环境依托点,形成一定场所,人们的视线通常也是由边界向广场中心扩散,造成内外渗透,形成开阔的视域。

3. 广场绿化设计

欧洲古典广场一般以硬质地面和建筑为主,绿化较少或没有,而现代广场无论大小,都要充分考虑绿化问题。广场绿地既可以美化城市景观,改善城市环境,又可以供居民进行休憩、游戏、集会等活动,在发生灾害时还可以起紧急疏散和庇护等作用。根据有关规定,广场绿地率不应小于 65%。

(1) 广场景观绿地规划设计原则,主要包括以下三方面。

① 因地制宜、以人为本原则。广场植物设计必须依据具体的环境条件,选择适应当地栽培的植物和树木类型,同时体现地方特色,不盲目引用稀有或昂贵外来物种;同时,充分考虑人们在广场活动时的需要,如面积较大、场地开阔的广场在设计绿化时应考虑夏季日晒,为公众提供一个庇荫的场所,这样的设计才是科学的、人性化的。

② 艺术性原则。广场绿化设计是以自然美为基本特征的空间环境设计,遵循绘画艺术和造景艺术基本原理,即统一、调和、均衡、韵律;同时又把植物、建筑、小品等综合在一起。自然式绿化多采用不对称的种植方式,充分表现植物本身的自然姿态,规则式广场绿化以对植、列植为主。

③ 组织空间原则。广场绿化可以组织空间、分隔空间,起到抑制视线、丰富视觉景观的作用。例如,用绿篱或攀缘植物分隔,当分隔体的高度在 30～60cm 时,空间还是连续的,人坐着也能向外观赏,没有封闭感,只是空间被隔开了。当分隔体高度在 90cm 以上时,人坐着视线受阻,出现封闭感。随着分隔体高度的增加,封闭感增强。同时,通过不同材质的对比(如硬质铺地砖与草皮形成质感的对比),绿地底界面高差的变化增加了深度感,采用下沉式或上升式广场给人一种独特的领域感。广场沿街边界可用灌木、绿篱分隔内外空间。

(2) 广场绿地种植设计形式。城市广场上绿化植物的配植一般采取点、线、面、垂直式或自由式等布局方式,在保持统一性和连续性的同时,显露其多样性和个性。广场植物的种植形式有排列式种植(可采用对植、列植等种植形式)、组团式种植(可采用林植、篱植等种植形式)、自然式种植(可采用孤植、丛植、群植等种植形式)、草坪与地被植物种植、花卉种植、藤本植物种植及水生植物的运用等。

① 排列式种植。属于规整形式种植,特点是整齐庄重,富有序列感,主要用于广场周围或者长条形地带,用于隔离或遮挡或做背景(图 7-23)。

图 7-23　排列式种植

排列式种植主要有对植和列植两种种植方法。对植主要用于强调建筑、道路、广场的出入口,在构图上形成配景和夹景,对植很少做主景;列植景观比较整齐、统一,有气势,多用在广场道路两边和公共设施前,配合建筑形成统一的景观,并形成很好的遮阴效果。

② 组团式种植(图 7-24)。绿篱是由灌木和小乔木以近距离的株行距密植,栽成单行或双行的结构紧密的规则种植形式。绿篱有组成边界、围合空间、分隔和遮挡场地的作用,也可作为雕塑小品的背景。

绿篱的类型可以根据不同高度划分(高绿篱、中绿篱、矮绿篱),也可以根据不同的功能要求与观赏要求划分(常绿篱、花篱、果篱、刺篱)。

林植是指规模成片成带的树林状的种植方式。林植常用在铺装广场上,能形成丰富、浑厚的空间效果。林植不仅能带来很好的生态效益和环境效益,也能提供受人欢迎的活动集会场所。一般来说,广场的树种宜选择枝干挺拔、形态优美、落叶整齐、少病虫害且无飞絮、无毒、无臭味的树种。

③ 自然式种植。自然式种植是采用人工模拟自然的植物配置方法,与规整形式不同,它的种植特点是植物不受统一的株行距限制,而是错落有序地布置,形成不同的景致,生动而活泼。这种布置形式因不受地块大小和形状的限制,所以可以解决植物与地下管线的矛盾,是在人造空间中维持生态平衡的有效途径,但要注意密切结合环境。

④ 草坪与地被植物种植。草坪及地被植物是城市广场绿化设计中常用要素,可供居民观赏、游憩,具有视野开阔、增加景观层次并能充分衬托广场形态美感的作用,尤其是地被植物在广场绿化中应用极为广泛,配合乔、灌木形成不同的生态景观效果(图7-25)。

图 7-24 组团式种植

图 7-25 草坪与地被植物种植

⑤ 花卉种植。广场是人群停留、集散相对较多的地方,大多需要较开敞的视野。低矮的花卉以及草坪、地被植物是广场绿化不可缺少的材料,尤其是花卉,花卉种类繁多,色彩鲜艳,易繁殖,是广场绿地中经常用作重点装饰和色彩构图的植物材料,它在丰富绿地景观方面有独特的效果,在广场上常用各种草本花卉创造形形色色的花坛、花钵等(图7-26)。

⑥ 藤本植物种植。广场中藤本植物的运用主要结合景墙或廊架,能创造出不同层面的立体景观,使空间层次更加丰富(图7-27)。

图 7-26 花卉种植

图 7-27 藤本植物种植

7.2.5 城市广场景观规划设计的步骤

(1)现状调查分析。注重对场地周边自然生态景观的保护和改善,包括对基地地形、地质、地貌、场地周边建筑功能、现存植被、自然景观、现有水域、周边交通情况与景观特色等方面的了解与分析。

（2）总平面设计。在调研分析的基础上，确定该城市广场合理功能分区、道路划分、活动分区、小品设施及景点布局等的总体概念。

（3）种植设计。初步确定该城市广场所需的乔木、灌木、草坪及地被、花卉的种类、数量、树形、间距及种植穴大小等，使该区域绿化与整体景观协调统一。

（4）道路景观。研究城市广场周边道路情况，确定城市广场与周边道路的连接形式及其他要素。

（5）小品设施。对城市广场小品设施等进行初步设计，包括路灯、水池、水景设施、路篱、挡墙、休息亭廊、座椅等，使小品设施与城市广场整体景观在风格上统一协调，同时又具有一定的文化内涵。

（6）竖向设计。注明城市广场景观建筑、道路、绿地等的设计高程及排水坡度等。

（7）灯光照明设计。注明城市广场内部高杆灯、射灯、地灯等各种形式的灯的数量及位置。

（8）方案的调整和修改。就设计方案向有关部门及专家进行成果汇报，提出修改意见。

（9）场地施工。根据最后的规划设计方案及有关规定进行施工图设计，如确定桩位、树木移植、土壤挖填方等。

（10）景观技术经济指标及概预算。

7.3　项　目　任　务

7.3.1　任务一：城市广场实地调查

1. 调查目的

通过对某城市不同性质的两三个广场的环境景观调查，使学生视野更加开阔，积累资料和感悟实地空间；进一步理解城市广场景观设计原理，理解不同性质空间在设计时应满足的条件和注意事项，进一步理解行为心理学在设计中的运用。

2. 调查要求

自选某城市不同性质的若干广场或不同城市若干广场，利用课余时间进行参观调研。回答调查问卷（表 7-1），并附周边环境照片，根据调研做出分析，进一步给出合理的改造建议。

分组时，可 3～5 人一组，集体调研和交流，但须独立完成调查报告。

3. 调查内容

调查内容详见调查内容表，如实填写。

表 7-1　调查内容表

调 查 内 容

一、基本信息

(1) 调查时间：＿＿＿年＿＿＿月＿＿＿日,时间段是从＿＿＿点到＿＿＿点。

(2) 该城市广场的位置：

(3) 该城市广场周边环境的特点：

(4) 该广场的利用率：A. 高　　　　　B. 一般　　　　　C. 低

原因：＿＿＿＿＿＿＿＿＿＿＿＿＿＿＿＿＿＿＿＿＿＿＿＿＿＿＿＿＿＿＿＿＿

二、某城市广场环境的调查信息表

职业：公务员(　)教师(　)企事业职员(　)学生(　)军人(　)

您是：附近居民(　)其他地方居民(　)外地游客(　)

(1) 您认为广场标志是否利于提高广场的知名度和使用率?(　)
　　A. 完全能够　　　B. 基本能够　　　C. 不太能　　　D. 完全不能

(2) 您认为标识系统是否能便于游人清晰使用?(　)
　　A. 完全能够　　　B. 基本能够　　　C. 不太能　　　D. 完全不能

(3) 您认为步行系统是否能满足游人的舒适度?(　)
　　A. 完全能够　　　B. 基本能够　　　C. 不太能　　　D. 完全不能

(4) 您认为灯光照明系统是否能满足景观和安全需要?(　)
　　A. 完全能够　　　B. 基本能够　　　C. 不太能　　　D. 完全不能

(5) 您认为广场小卖部是否能满足游客基本需求?(　)
　　A. 完全能够　　　B. 基本能够　　　C. 不太能　　　D. 完全不能

(6) 您认为公厕是否能满足游客基本需求?(　)
　　A. 完全能够　　　B. 基本能够　　　C. 不太能　　　D. 完全不能

(7) 您认为停车场的车位能否满足人们的基本要求?(　)
　　A. 完全能够　　　B. 基本能够　　　C. 不太能　　　D. 完全不能

(8) 您认为植物造景的品种和色彩能否提升广场景观品质?(　)
　　A. 完全能够　　　B. 基本能够　　　C. 不太能　　　D. 完全不能

(9) 您认为景观品质的提升是否有利于增加广场的文化休闲气氛?(　)
　　A. 完全能够　　　B. 基本能够　　　C. 不太能　　　D. 完全不能

(10) 您认为广场功能是否能更好地满足市民的运动、娱乐、观光需求?(　)
　　A. 完全能够　　　B. 基本能够　　　C. 不太能　　　D. 完全不能

(11) 您认为最终要形成城市中心区的富有吸引力的绿色公共开放空间,哪个方面起决定作用?(　)
　　A. 广场景观度　　　　　　　　B. 停车场
　　C. 便利的可达性　　　　　　　D. 完善的休闲设施和广场文化气氛

(12) 您一周来几次该广场?(　)
　　A. 1 或 2 次　　　B. 2～4 次　　　C. 4～6 次　　　D. 7 次

(13) 您来这个广场的目的是什么?(　)
　　A. 纳凉　　　B. 娱乐　　　C. 读书学习　　　D. 聊天

(14) 您认为广场周围的建筑如何?是否与广场性质相符?(　)
　　A. 不错,搭配很好　　　　　　B. 还行,部分不是很协调
　　C. 很一般　　　　　　　　　　D. 根本不相符

续表

（15）您认为广场的内容是否丰富？是否可以同时满足不同目的需求？（　　　）

  A. 很好

  B. 不错，再多些会更好

  C. 还行，可以满足一些最基本的需求，不算丰富

  D. 很单调

（16）您对到达广场的便捷程度评价如何？（　　　）

  A. 满意   B. 一般   C. 不满意   D. 不了解

（17）您到达广场的方式是什么？（　　　）

  A. 开车   B. 公交   C. 骑车   D. 步行

（18）您对广场内的指示标志评价如何？（　　　）

  A. 满意   B. 一般   C. 不满意   D. 不了解

（19）您对广场内的安全保卫情况评价如何？（　　　）

  A. 满意   B. 一般   C. 不满意   D. 不了解

（20）您对广场的卫生情况评价如何？（如园道的整洁情况、草坪的整洁情况、公共洗手间的卫生情况等）（　　　）

  A. 满意   B. 一般   C. 不满意   D. 不了解

（21）您对广场的公共设施评价如何？（如休闲桌椅的保养情况、路灯的维护情况、登山道的维护情况等）（　　　）

  A. 满意   B. 一般   C. 不满意   D. 不了解

（22）在龙湖购物广场、展览馆广场、明珠广场、中心广场、新世纪广场、邯郸文化广场中，您最喜欢哪个？为什么？

（23）您心目中的城市广场是什么样子？

三、对城市广场环境的分析与改造建议

结合调查报告，针对该城市广场，提出自己的意见与改造方案。

7.3.2　任务二：某城市商业广场景观设计

1. 项目设计任务书

该城市广场位于某城市的中心商业区内，紧邻商业步行街，四周被商业建筑围合。

2. 任务目标

融合项目地脉、文脉资源，使项目符合"城市广场"的建筑环境意象、文化氛围，建成该商圈的高品质、高价值的新型商业中心，具备市场竞争的差异化。

（1）以现代商业建筑文化为原点，创造出一种"现代生活方式的文化主题情景商业建筑"，既有本地企业文化、城市文脉的根基，又有对市场竞争的差异化体现，还符合现代人对高品质生活要求和对新城市文化理念的认同。

（2）本项目的总体设计理念是以商业为核心，融合购物中心、餐饮、娱乐休闲、酒店、写字楼、公寓、停车场七大功能于一体的"购物娱乐中心"。

（3）项目要建设成为该城市板块的划时代的、标志性的、以"体验式消费"为主题的时

尚商业中心。

（4）设计要求尽量满足规划要求给予的容积率指标，同时化解本项目商业功能组合、商业环境营造与道路、地块对接的难点，这些是设计重点解决的问题。

3．任务分析

综合分析内容包括基地地形、地质、地貌、场地周边建筑功能、现存植被、自然景观、周边交通情况与景观特色等方面。

4．任务实施

（1）定位准确。通过规划、产品、时尚景观设计，充分体现新一代商业形态广场的内涵。

（2）规划合理。提供地块不利因素的化解方案。

（3）景观设计新颖。化解地块用地紧张带来的园林景观用地不足与项目商业定位之间的矛盾，有效利用商业广场景观营造商业文化氛围。

（4）理念特色鲜明。从建筑设计与景观设计方面，具体落实策划定位中的商业理念，既要表现其浓厚的历史情结与文化背景，又要考虑全新商业理念的文化氛围，从而形成项目的建筑文化和商业文化。

（5）产品创新。植根于当地特有的资源与文化背景这一设计思路，创新开发适合本土的现代时尚商业活动产品。

（6）配套。公共休闲空间和交通组织配套的合理比例、位置与方式，实现项目商业价值的最大化。地下车库的设计不仅要符合商业要求，还要与对人防的要求相结合进行考虑，同时要考虑成本控制。

（7）成本。考虑成本的控制，使项目在最优的成本控制基础上达到高品质的产品档次。

5．任务评价

（1）切合商业广场的功能：商业、文化娱乐及节假日休闲。

（2）景观视觉形态要求有鲜明的形象，在商业广场中主要体现在雕塑、园林小品、硬地铺装等造型和色彩上，要注意与周边商业建筑的协调。

（3）要结合当地传统文化特色，体现地域特色。

（4）商业广场中要有一定的绿地及绿化量。

（5）在商业广场人流的趋向和导向及环境气氛的渲染营造上，要考虑群体大众的心理和精神感受需求。

（6）设计中以人的尺度、人的需求和人的活动为根本出发点，提供充足的公共服务设施，做到休闲购物、娱乐购物。

7.4　案例学习：郑州万科城中央广场景观设计

星光广场延续了万科城销售广场的景观语言，但星光广场承载了未来多期高密度住宅开发对活动空间和商业空间的需求。既要避免商业空间被遮挡，也要促进商业活动，并且让整个广场成为一个能留得住人的趣味空间(图 7-28)。

图 7-28 广场鸟瞰图

中国的商业广场与西方的商业广场有一定的区别,西方人喜欢享受"看与被看"的过程,陌生人很容易在一个大空间(如大草坪、商业外摆空间)产生交流。中国人则比较内敛,必须要有主题鲜明的活动内容才能聚人气,尤其对社区广场而言。而且鼓励中国人到户外的唯一可能性是参与儿童的活动,所以组织好儿童的活动空间,就非常容易带来人气(图 7-29)。

图 7-29 儿童活动空间

图　7-29（续）

　　旱喷广场、喷雾石阵（图 7-30）、奔跑的长凳、儿童攀岩墙、儿童下沉活动场甚至轮滑广场，为各个年龄段的儿童、青少年提供了多样的活动内容。每个活动内容各自独立，互不干扰，观赏休憩区则鼓励家长们的交流和互动。星光大道把这些活动内容一个一个串联起来，两侧的蒲公英灯和地面的灯互相辉映，增加广场的趣味性，同时也把人们引向即将开业的商业斜街。

图 7-30　喷雾石阵

　　北侧商业街则分隔成了四块木平台，每个平台前面都有形态各异的水景，外摆空间也营造得各具特色而又协调统一，整个外部空间充满商业气氛（图 7-31 和图 7-32）。

　　在未来的许多年，星光广场将会随着万科城的成长，成为城市肌理和城市记忆的重要节点。

图 7-31 外摆空间

图 7-32 旱喷石阵

📋 **学习笔记**

参 考 文 献

[1] 成玉宁.现代景观设计理论与方法[M].南京：东南大学出版社,2010.

[2] 王晓俊.风景园林设计[M].3 版.南京：江苏科学技术出版社,2009.

[3] 陈炯.景观设计基础教程[M].上海：上海人民美术出版社,2010.

[4] 肖姣娣,覃文勇,曹洪侠,等.园林规划设计[M].北京：中国水利水电出版社,2015.